Yamuna Manimuthu
Karthika Kumarasamy

Decomposição de G = (V, E) em grafos planares

Yamuna Manimuthu
Karthika Kumarasamy

Decomposição de G = (V, E) em grafos planares

- Retratado da forma como o tínhamos imaginado

ScienciaScripts

Imprint

Any brand names and product names mentioned in this book are subject to trademark, brand or patent protection and are trademarks or registered trademarks of their respective holders. The use of brand names, product names, common names, trade names, product descriptions etc. even without a particular marking in this work is in no way to be construed to mean that such names may be regarded as unrestricted in respect of trademark and brand protection legislation and could thus be used by anyone.

Cover image: www.ingimage.com

This book is a translation from the original published under ISBN 978-620-7-65298-3.

Publisher:
Sciencia Scripts
is a trademark of
Dodo Books Indian Ocean Ltd. and OmniScriptum S.R.L publishing group

120 High Road, East Finchley, London, N2 9ED, United Kingdom
Str. Armeneasca 28/1, office 1, Chisinau MD-2012, Republic of Moldova, Europe
Printed at: see last page
ISBN: 978-620-7-75916-3

Decomposição de G = (V, E) em grafos planares

- Retratado da forma como o tínhamos imaginado

Prefácio

A beleza da teoria dos grafos reside na sua simplicidade, elegância e profundidade. Apresenta numerosos problemas e conjecturas que são fáceis de compreender mas difíceis de resolver. A sua visualização como grafos permite uma compreensão intuitiva da teoria subjacente. A nossa motivação para resolver estes problemas deriva de um desejo interior de obter uma compreensão mais profunda dos conceitos teóricos. Por vezes, resolvemo-los simplesmente porque representam um desafio intelectual.

Uma revisão da literatura existente sobre decomposição de grafos revela que os resultados clássicos se baseiam frequentemente nas estruturas simétricas subjacentes, empregando técnicas algébricas para a decomposição. No entanto, os recentes avanços na decomposição de grafos desafiaram este paradigma, demonstrando que as estruturas altamente simétricas nem sempre são necessárias para uma decomposição bem sucedida. Este avanço levantou-nos duas questões. É sempre essencial decompor grafos com simetrias estruturais subjacentes? Será que qualquer grafo com n vértices pode ser decomposto? O maior desafio desta decomposição reside na ausência de simetria inerente, o que torna difícil a decomposição em estruturas conhecidas. Além disso, existem certas limitações, como a impossibilidade de decompor grafos planares em subgrafos não planares e as limitações na decomposição de grafos não planares em subgrafos não planares.

Motivado por estes desafios e questões, este livro apresenta técnicas iterativas para decompor qualquer grafo G com n vértices em vários subgrafos, incluindo

    i.   Gráficos de estrelas

   ii.   Gráficos de estrelas duplas

  iii.   Árvores de cobertura

  iv.   Grafos planos

Esperamos que estas técnicas, mesmo que não sejam intrinsecamente inovadoras, abram pelo menos uma nova via para a decomposição de grafos para além dos métodos clássicos, abrindo caminho para uma nova abordagem à decomposição de qualquer grafo G.

M. Yamuna, K. Karthika
junho de 2024

ÍNDICE

Capítulo 1

Preliminares

Nesta secção, fornecemos as definições básicas necessárias para uma leitura confortável do livro. Referimo-nos a [1] [2] para estas definições. Para a maioria das imagens deste capítulo, referimo-nos ao Wolfram Math World.

Gráfico

Um grafo G é definido como G = (V, E), em que V = { v_1 , v_2 , ..., v_n } representa um conjunto de vértices e E = { e_1 , e_2 ,..., e_m } um conjunto de arestas. Um vértice é definido como um ponto no plano bidimensional e uma aresta é uma linha que liga dois vértices. O Instantâneo - 1.1 apresenta um exemplo de um grafo.

Instantâneo - 1.1

Caminho

Uma trajetória P_n com n vértices é definida como uma sequência alternada de vértices e arestas, começando e terminando com um vértice, em que um vértice e uma aresta são traçados exatamente uma vez. O número de arestas num caminho é definido como o comprimento do caminho. Instantâneo - 1.2 apresenta exemplos de trajectórias com n = 2, 3, 4 vértices.

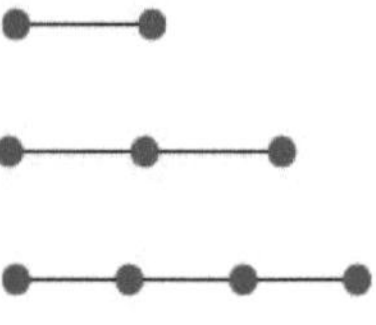

Instantâneo - 1.2

Ciclo

Um caminho fechado é designado por ciclo. Um ciclo com n vértices é designado por C_n. O Instantâneo - 1.3 apresenta exemplos de ciclos com 4, 5 e 6 vértices.

Instantâneo - 1.3

Subgrafo

Um grafo $H = (V_1 , E_1)$ é definido como um subgrafo de um grafo $G = (V, E)$ se $V_1 \subseteq V$ e $E_1 \subseteq E$. A imagem - 1.4 apresenta um exemplo de um grafo G e de um subgrafo H de G.

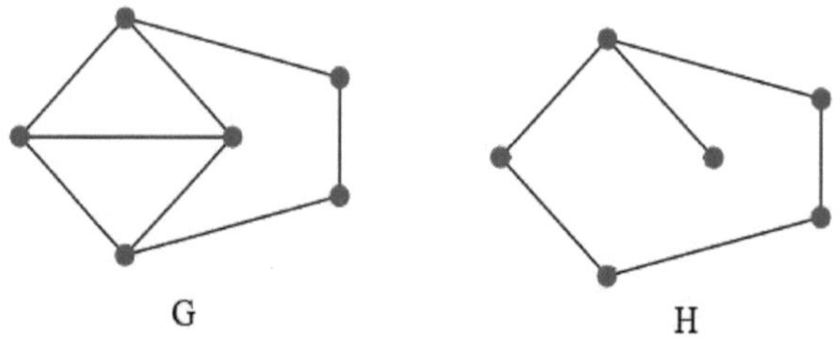

Instantâneo - 1.4

Subgrafo induzido

Um subgrafo H = (V_1 , E_1) é definido como um subgrafo induzido de um grafo G = (V, E) se H incluir todas as arestas e = (u, v) de G tais que u, v$\in$ V (H). Note-se que um subgrafo não precisa de incluir todas as arestas, mas um subgrafo induzido inclui todas as arestas. O Instantâneo - 1.5 apresenta um exemplo de um grafo e de um subgrafo induzido H de G.

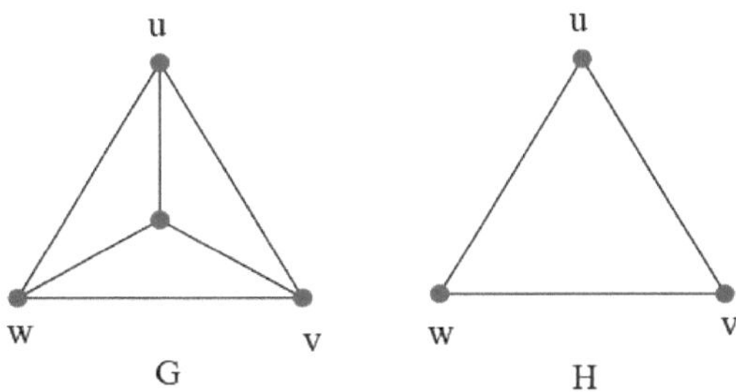

Instantâneo - 1.5

Gráfico conectado

Diz-se que um grafo G é conexo se existir um caminho entre cada par de vértices. Instantâneo - 1.6 apresenta um exemplo de um grafo conexo.

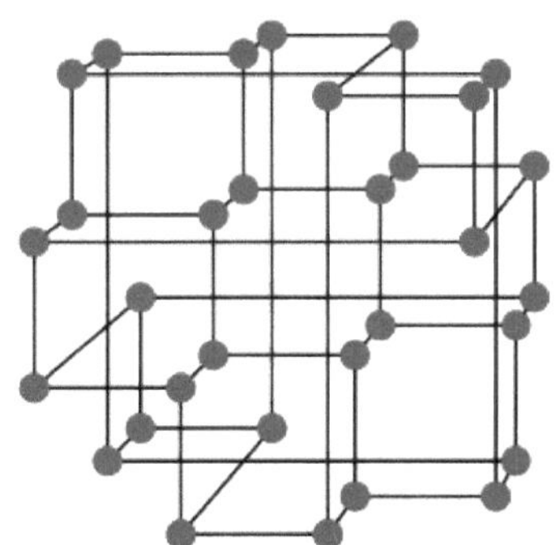

Instantâneo - 1.6

Gráfico desconectado

Diz-se que um grafo G está desligado se G tiver pelo menos um par de vértices u, v tal que não existe caminho entre u e v. Os componentes de qualquer grafo dividem os seus vértices em conjuntos disjuntos e são os subgrafos induzidos desses conjuntos. Um grafo desconectado tem pelo menos 2 componentes. Instantâneo - 1.7 apresenta um exemplo de grafo desconexo com 2 componentes.

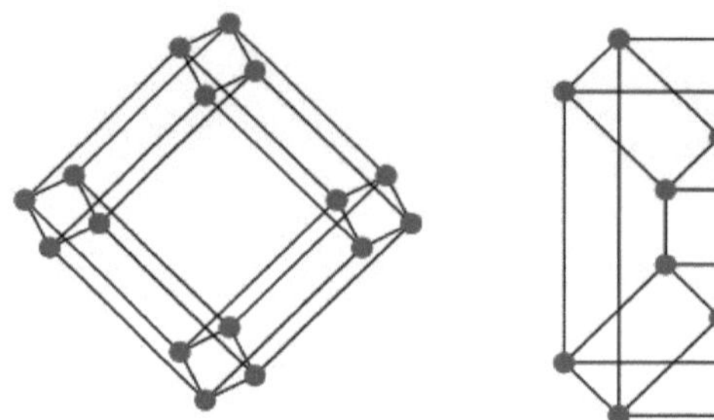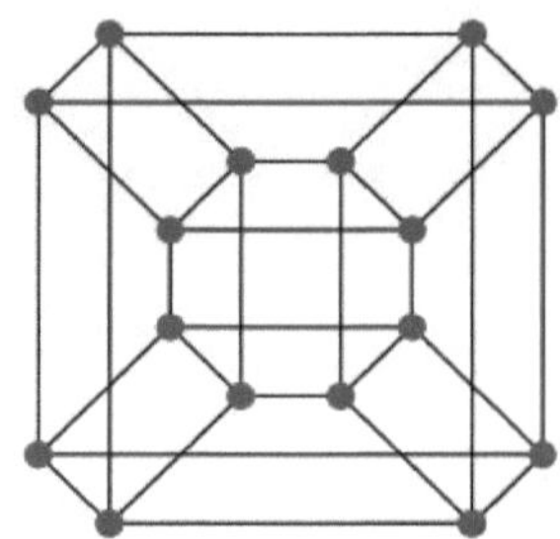

Instantâneo - 1.7

Gráfico separável

Um vértice $u \in V (G)$ é dito ser um vértice cortado se a remoção de u, desconecta G. Um grafo G é dito ser um grafo separável, se G tem pelo menos um vértice cortado. O Instantâneo - 1.8 apresenta um exemplo de grafo separável. Aqui, os vértices u e v são vértices cortados.

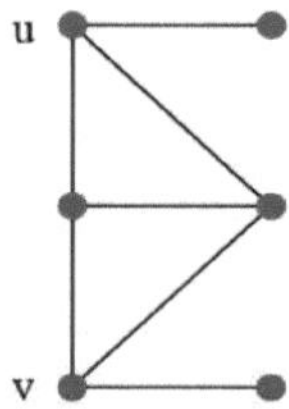

Instantâneo - 1.8

Gráfico planar

Diz-se que um grafo G é planar se, de entre todas as representações possíveis de G, existir pelo menos uma representação de G que possa ser desenhada no plano 2D de modo a que as arestas não se intersectem. O Instantâneo - 1.9 apresenta um exemplo de grafos planares.

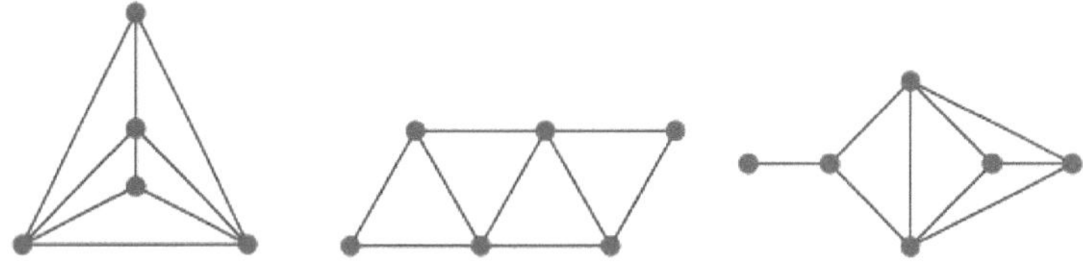

Instantâneo - 1.9

Gráfico completo

Um grafo completo K_n com n - vértices é um grafo onde existe uma aresta entre cada par de vértices. Instantâneo - 1.10 apresenta exemplos de grafos completos com 5, 6 e 7 vértices.

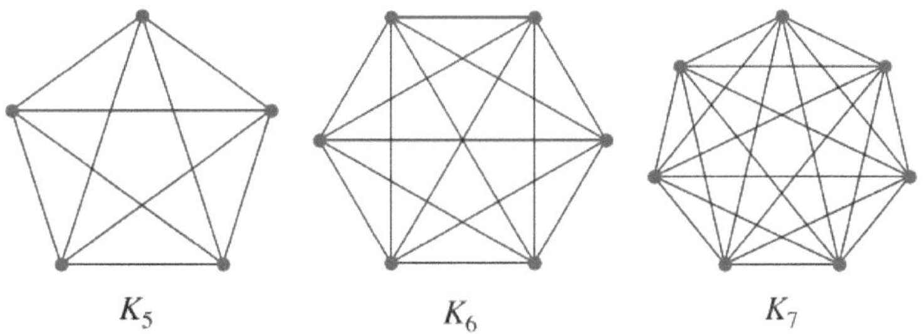

Instantâneo - 1.10

Gráfico Hamiltoniano

Um grafo G é definido como um grafo hamiltoniano, se G tiver um circuito que cubra todos os vértices de G. Um caminho num grafo G que cubra todos os vértices de G é chamado um caminho hamiltoniano. Instantâneo - 1. 11 apresenta exemplos de grafos hamiltonianos.

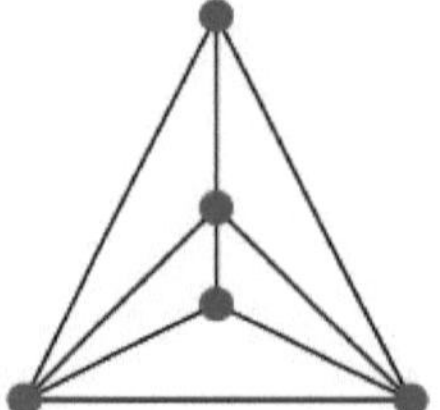 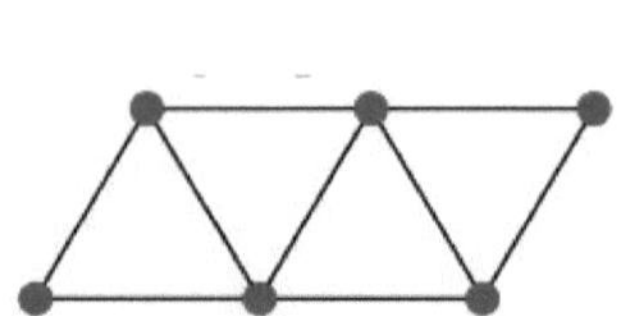 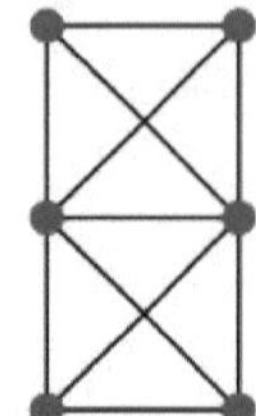

Instantâneo - 1.11

Árvore

Uma árvore é um grafo ligado, sem circuitos. Instantâneo - 1.12 apresenta um exemplo de uma árvore.

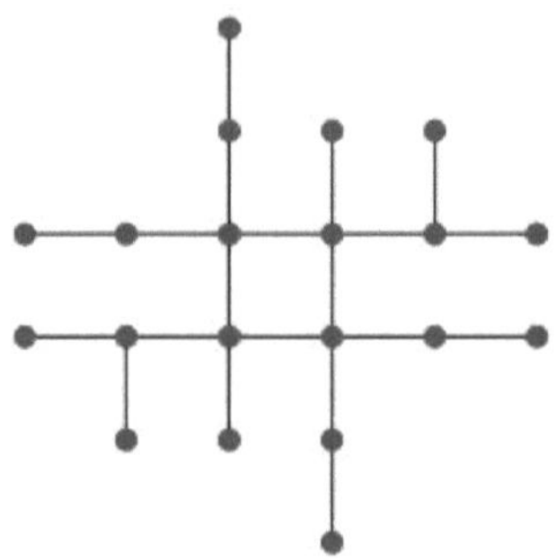

Instantâneo - 1.12

Árvore de alcance

Uma árvore de abrangência de um grafo é um subgrafo de G, ou seja, uma árvore que cobre todos os vértices de G. Instantâneo - 1.13 apresenta um exemplo de um grafo G e da sua árvore de abrangência.

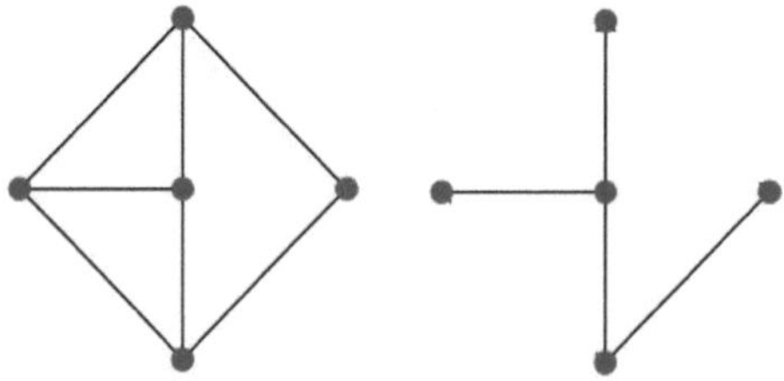

Instantâneo - 1.13

Floresta

Um grafo desconexo G, em que cada componente de G é uma árvore, é uma floresta. Instantâneo - 1.14 apresenta um exemplo de uma floresta com 3 componentes.

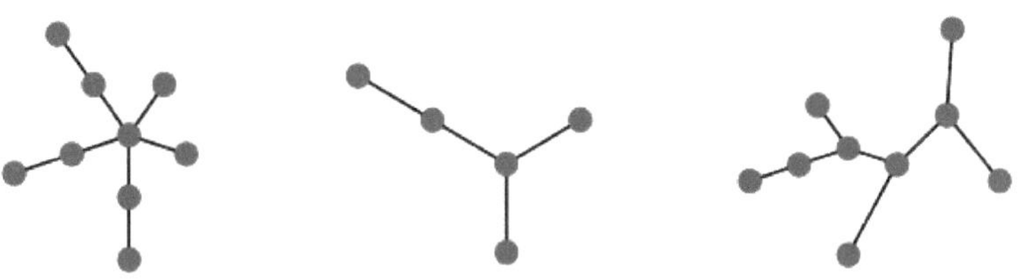

Instantâneo - 1.14

Estrela

Um grafo em estrela é um tipo especial de árvore, com n - 1 vértices de grau 1 e 1 vértice de grau n - 1. Uma estrela com n - vértices é designada por $S_{1,\,n-1}$. O Instantâneo - 1.15 apresenta exemplos de estrelas com 4, 5 e 6 vértices.

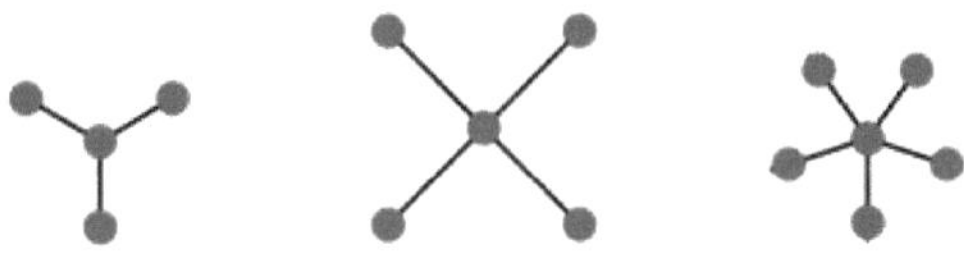

Instantâneo - 1.15

Estrela dupla

Um grafo constituído pela união de duas estrelas $S_{1,\,n-1}$ e $S_{1,\,m-1}$ com arestas entre os vértices de grau n - 1 e grau m - 1 é designado por estrela dupla. O Instantâneo - 1.16 apresenta um exemplo de uma estrela dupla.

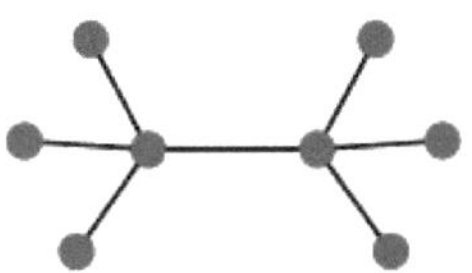

Decomposição de gráficos

Uma decomposição de um grafo G é um conjunto de subgrafos de arestas disjuntas H_1 , H_2 , H_3 ..., H_k tal que cada aresta de G pertence exatamente a um H_i , $1 \le i \le k$. A imagem 1.17 apresenta um exemplo de um grafo G e a sua decomposição em 3 subgrafos H_1 , H_2 , H_3 .

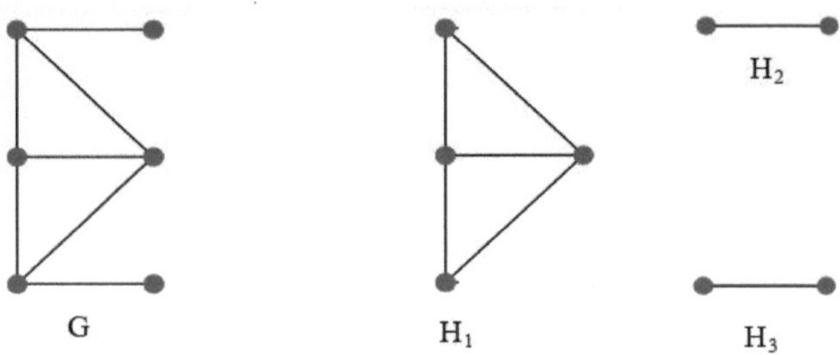

Conjunto dominante

Um conjunto $D \subseteq V (G)$ para qualquer grafo G é considerado um conjunto dominante se todos os vértices de V - D forem adjacentes a pelo menos um vértice de D. A cardinalidade do conjunto dominante mínimo possível para qualquer grafo G é definida como o número de dominação de G [3].

A Fig.1.1 apresenta um exemplo de um conjunto dominante e de um conjunto dominante mínimo (visto como vértices circundados).

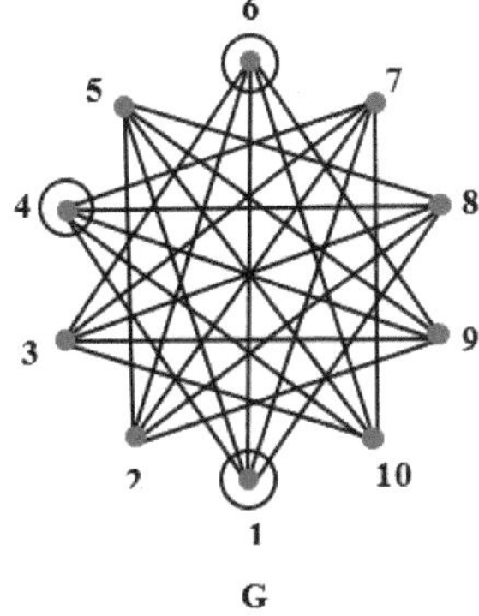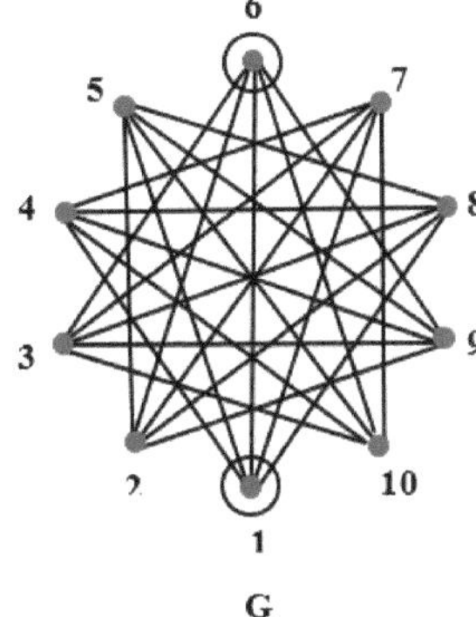

Fig. 1.1

Vizinhos fechados, abertos e privados

Seja G um grafo qualquer e D um conjunto dominante para G. Para qualquer vértice $u \in D$,

- vizinho fechado de u denotado por $N[u] = \bigcup_{i=1}^{k} \{u, v_i\}$, em que u é adjacente a v_i para cada $1 \leq i \leq k$.

- vizinho aberto de u denotado por $N(u) = \bigcup_{i=1}^{k} v_i$, em que u é adjacente a v_i para cada $1 \leq i \leq k$.

- vizinho privado de u denotado por $PN(u) = \bigcup_{i=1}^{k} v_i$, em que u é adjacente de v_i para cada $1 \leq i \leq k$, v_i não é adjacente a nenhum outro vértice em D.

k - Vértice dominado

13

Seja G um grafo qualquer e D um conjunto dominante para G. Qualquer u∈ V - D, é dito ser k - dominado se for adjacente a mais de 2 vértices em D.

Conjunto de dominação de arestas

Um conjunto D⊆ E (G) para qualquer grafo G é dito ser um conjunto dominante de arestas se todas as arestas em E - D são adjacentes a pelo menos uma aresta em D. A cardinalidade do conjunto dominante de arestas mínimo possível para qualquer grafo G é definida como o número de dominância de arestas de G. A imagem - 1.18 apresenta um exemplo de um grafo G e o seu conjunto dominante de arestas (destacado a azul)

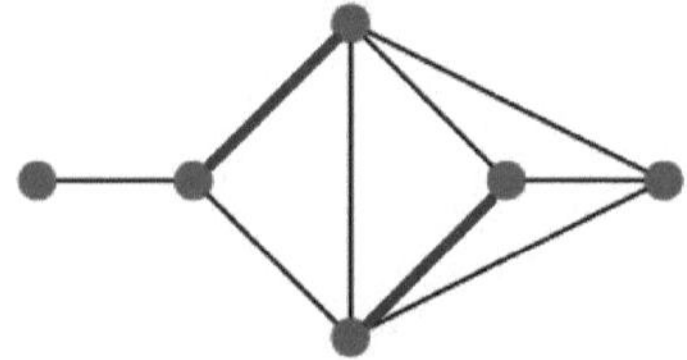

Instantâneo - 1.18

Capítulo - 2

Os Onsets na Teoria dos Grafos - Um pouco de 1736

A teoria dos grafos teve um início elegante no ano de 1736 com o artigo escrito por Leonhard Euler sobre as sete pontes de Konigsberg. Euler escreveu um artigo no qual tratava deste problema em particular e apresentava um método geral para outros problemas da mesma altura. Instantâneo - 2.1 apresenta um resumo deste artigo [4].

Commentarii Academiae Scientiarum Imperialis Petropolitanae **8** (1736), 128–140.
(Based on a talk presented to the Academy on 26 August 1735.)

1. In addition to that branch of geometry which is concerned with magnitudes, and which has always received the greatest attention, there is another branch, previously almost unknown, which Leibniz first mentioned, calling it the *geometry of position*. This branch is concerned only with the determination of position and its properties; it does not involve measurements, nor calculations made with them. It has not yet been satisfactorily determined what kind of problems are relevant to this geometry of position, or what methods should be used in solving them. Hence, when a problem was recently mentioned, which seemed geometrical but was so constructed that it did not require the measurement of distances, nor did calculation help at all, I had no doubt that it was concerned with the geometry of position—especially as its solution involved only position, and no calculation was of any use. I have therefore decided to give here the method which I have found for solving this kind of problem, as an example of the geometry of position.

2. The problem, which I am told is widely known, is as follows: in Königsberg in Prussia, there is an island A, called *the Kneiphof*; the river which surrounds it is divided into two branches, as can be seen in Fig. [1.2], and these branches are crossed by seven bridges, *a, b, c, d, e, f* and *g*. Concerning these bridges, it was asked whether anyone could arrange a route in such a way that he would cross each bridge once and only once. I was told that some people asserted that this was impossible, while others were in doubt; but nobody would actually assert that it could be done. From this, I have formulated the general problem: whatever be the arrangement and division of the river into branches, and however many bridges there be, can one find out whether or not it is possible to cross each bridge exactly once?

3. As far as the problem of the seven bridges of Königsberg is concerned, it can be solved by making an exhaustive list of all possible routes, and then finding

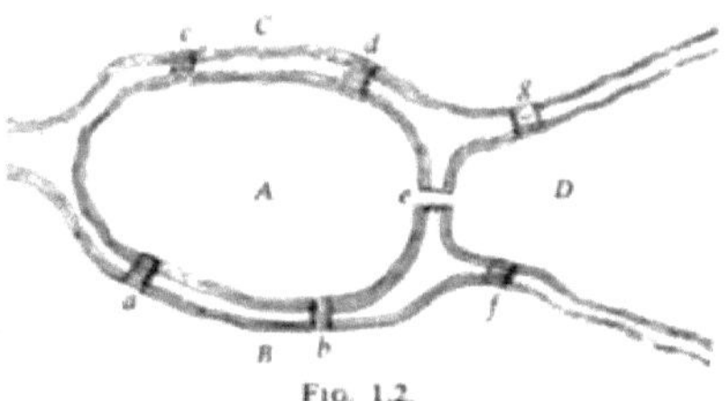

FIG. 1.2.

Instantâneo - 2.1

Este problema é designado por problema da ponte de Konigsberg na literatura da teoria dos grafos. Este problema está representado no Instantâneo - 2.1. Duas ilhas, A e D, formadas pelo rio Pregal em Königsberg (então capital da Prússia Oriental, mas agora rebaptizada Kaliningrado e situada na Rússia Soviética Ocidental) estavam ligadas entre si e às margens C e B por sete pontes. O problema consistia em partir de qualquer uma das quatro zonas terrestres da cidade, A, B, C ou D, passar por cada uma das sete pontes exatamente uma vez e regressar ao ponto de partida (sem atravessar o rio a nado, claro). Euler representou esta situação através de um gráfico. Os vértices representam as áreas de terra e as arestas representam as pontes. Além disso, Euler provou que não existe uma solução para este problema [1]. A imagem - 2.2 apresenta uma impressão da antiga cidade de Konigsberg, na Prússia Oriental, mostrando o rio Pregal que atravessa a cidade [5].

Instantâneo - 2.2

O Instantâneo - 2.3 apresenta uma visão geral do problema da ponte de Konigsberg [1] e o Instantâneo - 2.4 apresenta o primeiro grafo da teoria dos grafos [6].

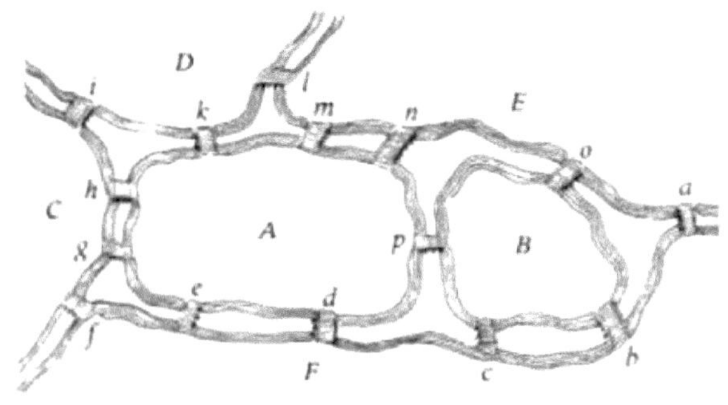

FiG. 1.4.

Instantâneo - 2.3

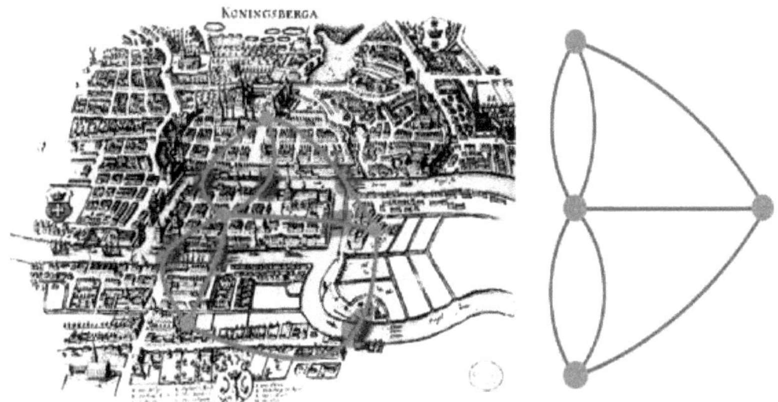

Instantâneo - 2.4

O trabalho de Euler apresenta os seguintes resultados [4].

R1. Em qualquer grafo, o número de vértices com valência ímpar (atualmente designado por grau) tem de ser par.

O caminho traçado no problema da ponte de Konigsberg consiste em encontrar um caminho que contenha cada aresta do grafo uma e apenas uma vez. Este caminho é atualmente designado por caminho Euleriano. Este caminho conduz ao principal resultado de Euler.

17

R2. Se um grafo conexo tem mais de dois vértices de valência ímpar, então não pode conter um caminho euleriano.

R3. Se um grafo conexo não tem - vértices de valência ímpar ou tem dois vértices desse tipo, então contém um caminho Euleriano.

Estes resultados são talvez os primeiros resultados registados na teoria dos grafos. Leonhard Euler é conhecido como o pai da teoria dos grafos e nasceu a 15th de abril de 1707 em Basileia, na Suíça. Snapshot - 2.5 apresenta fotografias de Euler.

Instantâneo - 2.5

Embora seja considerado o pai da teoria dos grafos, foi um matemático suíço que deu um enorme contributo para uma vasta gama de áreas da matemática e da física, incluindo a geometria analítica, a trigonometria, a geometria, o cálculo e a teoria dos números. Devemos a Euler a notação f (x) para uma função (1734), e para a base dos logaritmos naturais (1727), i para a raiz quadrada de - 1 (1777),π para pi,Σ para somatório (1755), a notação para diferenças finitasΔ y, yΔ^2 e muitas outras. Além disso, Euler deu-nos a fórmula $e^{ix} = \cos(x) + i \sin(x)$ em 1748. Descobriu também a fórmula $\ln (- 1) = \pi i$ em 1727. Descobriu a equação de Cauchy - Riemann em 1777 e publicou a sua teoria completa dos logaritmos dos números complexos em 1751. Nos seus escritos autobiográficos, afirma que os seus problemas de visão começaram em 1738 com o esforço excessivo devido ao seu trabalho cartográfico e que, em 1740, disse: "... perdeu um olho e (o outro) atualmente pode estar no mesmo perigo". [th]As contribuições de Euler para a matemática foram enormes e, após a sua morte em 18 de setembro de 1783, a Universidade de São Petersburgo publicou os seus trabalhos inéditos durante os 50 anos seguintes [8].

A prova de R3 foi escrita pelo matemático alemão Carl Hierholzer. Instantâneo - 2.6 apresenta um vislumbre da sua prova que apareceu nos Mathematische Annalen em 1873[7].

C. HIERHOLZER
ÜBER DIE MÖGLICHKEIT, EINEN LINIENZUG OHNE
WIEDERHOLUNG UND OHNE UNTERBRECHNUNG ZU UMFAHREN

[On the possibility of traversing a line-system without repetition or discontinuity]

Mathematische Annalen **6** (1873), 30–32.

In an arbitrary system of interwoven lines, we can define the *branches* at a point to be the distinct lines of the network along which it is possible to leave the point in question. A point at which there are several branches is called a *node*, and is termed as many-fold as the number of branches there, being called odd or even according as this number is odd or even. Thus, an ordinary double point may be called a four-fold node, an ordinary point is a two-fold node, and a free end may be termed a one-fold node.

If a line-system can be traversed in one path without any section of line being traversed more than once, then the number of odd nodes is either zero or two. If, in carrying out this process, we pass through any node, then two of the branches at that node are used, and since no line-segment may be traversed twice, a node which we pass through n times must be a $2n$-fold node. A point can therefore be an odd node only if on one occasion we do not pass through it, that is, if it is an initial or terminal point. If, on reaching the end of the journey, we return to the starting point, then there can only be even nodes; if not, then the initial and terminal points are odd nodes.

Conversely: *if a connected line-system has either no odd nodes or two odd nodes, then the system can be traversed in one path.*

For (a) if only part of the line-system has been traversed, then every node in the remaining part remains even or odd, just as it was in the original system; only the initial and terminal nodes of the traversed part change their parity, unless they coincide. This is because two branches are used in passing through a node, and only one branch is used at the start and finish of the path.

(b) If we begin to traverse the system at an odd node, then we can finish only at another odd node. This is because two branches are used each time we pass through an even node, so that each time we arrive at such a node, there is at least one other branch available to depart along. However, the initial node is converted at the beginning to an even node, so that it is also impossible to stop there. On the other hand, if we start to traverse the system at an even node, then we can also terminate at the same node, since it is changed at the outset to an odd one.

(c) If, now, the system has two odd nodes, then a path beginning at one of them necessarily terminates at the other. In this case the completed part of the path is open. If, on the other hand, the given system has no odd nodes, then a path beginning at any node (which must be an even node) must necessarily terminate at that same node. In this case the completed path is closed.

Instantâneo - 2.6

Hierholzer não conhecia o trabalho de Euler. Esta ignorância não é surpreendente quando compreendemos as dificuldades de qualquer forma de comunicação naquela época. Hierholzer apresentou os seguintes resultados.

R4. Se um sistema de linhas puder ser percorrido num único caminho sem que nenhuma secção da linha seja percorrida mais do que uma vez, então o número de nós ímpares é zero ou dois.

R5. Se um sistema de linhas ligadas não tem nós ímpares ou tem dois nós ímpares, então o sistema pode ser percorrido num só caminho.

A obra escrita por Louis Poinsot em 1809 trata de um problema de geometria que diz: "Dados alguns pontos situados ao acaso no espaço, é necessário dispor um único fio flexível que os una dois a dois de todas as maneiras possíveis, de modo a que finalmente as duas extremidades do fio se juntem, e de modo a que o comprimento total seja igual a todas as distâncias mútuas. O problema aqui discutido define um grafo designado atualmente por grafo completo. Instantâneo. 2.7 apresenta grafos completos com n = 1, 2, ..., 7 vértices [9].

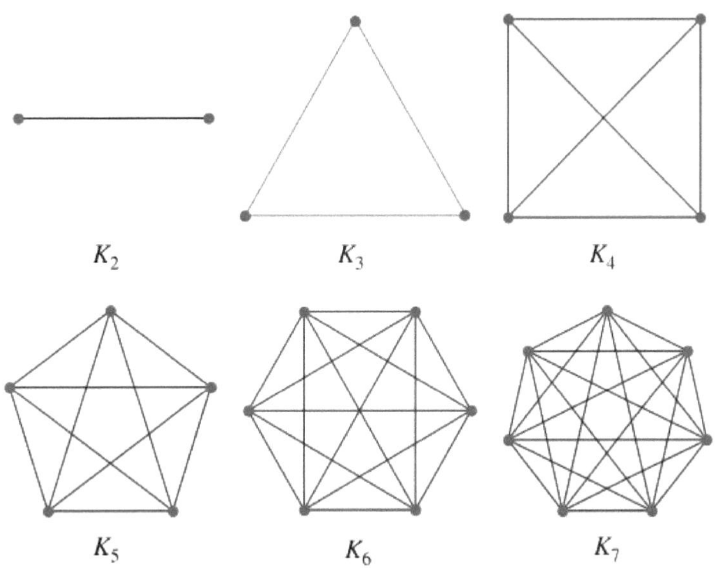

Instantâneo 2.7

Outra pessoa que é mais lembrada na teoria dos grafos pela sua contribuição é Julius Peter Christiann Petersen. Nasceu a 16th de junho de 1839 em Soro, Dinamarca. Snapshot - 2.8 apresenta fotografias de Julius Peter Christiann Petersen.

Instantâneo - 2.8

Foi um matemático dinamarquês que se dedicou à geometria e à teoria dos grafos. Começou por frequentar uma escola privada e, em 1849, entrou para a academia de Soro. Em 1854, teve de abandonar a escola devido à pobreza. Trabalhou como aprendiz de mercearia. Mais tarde, terminou os estudos e entrou para a Escola Superior de Tecnologia de Copenhaga em 1856. Em 1866, licenciou-se na universidade e, mais tarde, em 1867, foi galardoado com uma medalha de ouro pelo seu trabalho sobre o equilíbrio de corpos flutuantes. O doutoramento foi-lhe atribuído em 1871.

O seu trabalho mais importante foi na geometria, com ideias inovadoras sobre grafos regulares. Um artigo escrito por ele em 1891, intitulado Die Theorie der regularen Graphs, marca o nascimento da teoria dos grafos. Sabidussi afirma sobre este artigo que "... o primeiro grande artigo teórico sobre grafos, não só em tamanho mas também em importância" [10].

Instantâneo - 2.9 apresenta um vislumbre da primeira página deste artigo
[11].

DIE THEORIE DER REGULÄREN GRAPHS

VON

JULIUS PETERSEN
in KOPENHAGEN.

1. In seinem Beweise für die Endlichkeit des einer binären Form
zugehörigen Invariantensystems (Mathematische Annalen, Bd. 33) stützt
Hr. HILBERT sich auf einen von Hrn. GORDAN aufgestellten Satz, be-
treffend eine gewisse Classe diophantischer Gleichungen. Aus diesem
Satze folgt, dass man, wenn n gegeben ist, eine endliche Anzahl Producte
von der Form

$$(x_1 - x_2)^\alpha (x_1 - x_3)^\beta (x_2 - x_3)^\gamma \ldots (x_{n-1} - x_n)^\varepsilon$$

bilden kann, so dass alle andere Producte derselben Form sich aus den
gebildeten durch Multiplication zusammensetzen lassen. Die Producte
sind dadurch characterisirt, dass die Exponenten positive, ganze Zahlen
(Null mitgerechnet) sind, und dass der Grad in $x_1, x_2, \ldots, x_n$ für jedes
Product derselbe ist. Die gebildeten Producte werden wir *Grundfactoren*
nennen; sie entsprechen den Grundlösungen der diophantischen Gleichungen. Ist z. B. $n = 3$, so muss man $\alpha = \beta = \gamma$ haben, und der einzige
Grundfactor ist

$$(x_1 - x_2)(x_2 - x_3)(x_3 - x_1).$$

Für den Beweis des Hrn. HILBERT ist die Endlichkeit der Anzahl von
Grundfactoren ausreichend; für fernere Untersuchungen wird aber die
wirkliche Bestimmung dieser Ausdrücke von Bedeutung sein; diese Bestimmung ist der Zweck der folgenden Betrachtungen. Es zeigt sich ein
merkwürdiger Unterschied, nachdem der Grad in den einzelnen Buch-
staben (der mit dem Grade der entsprechenden Invariante übereinstimmt),

Acta mathematica. 15. Imprimé le 16 mai 1891.　　　　　　　　　　　25

Instantâneo - 2.9

Instantâneo - 2.10 apresenta a primeira página do artigo sobre a teoria dos grafos regulares de Julius Petersen, comunicada mais tarde por Henry Martyn Mulder em 1990 [12].

Discrete Mathematics 100 (1992) 157–175
North-Holland

Julius Petersen's theory of regular graphs

Henry Martyn Mulder

*Econometrisch Instituut, Erasmus Universiteit, P.O. Box 1738, NL-3000 DR Rotterdam,
Netherlands*

Received 1 July 1990
Revised 17 May 1991

Abstract

Mulder, H.M., Julius Petersen's theory of regular graphs, Discrete Mathematics 100 (1992)
157–175.

In 1891 the Danish mathematician Julius Petersen (1839–1910) published a paper on the
factorization of regular graphs. This was the first paper in the history of mathematics to contain
fundamental results explicitly in graph theory. In this report Petersen's results are analysed and
their development in subsequent decades are followed.

1. Introduction

Julius Petersen is famous in graph theory, first of all because of the Petersen graph, and secondly because of the theorem that bears his name: *a connected 3-regular graph with at most two leaves contains a 1-factor*. A 1-factor is a perfect matching, and a leaf is a bridgeless component that arises upon deletion of some bridge (a single disconnecting edge). Petersen exhibited 'his graph' in 1898 in a small note [23] in *L'Intermédiaire des Mathématiciens*, a journal devoted to the quick exchange of mathematical questions, problems and ideas. The graph served as a counterexample to Tait's 'theorem' [31] on the 4-colour problem: a bridgeless 3-regular graph is factorable into three 1-factors. Petersen's drawing lacked the beautiful symmetry with which we now usually draw the graph (see the first diagram in Fig. 1).

Incidentally, the first occurrence of the Petersen graph in the literature was in a geometric paper by Kempe [15] of 1886. In Kempe's drawing the vertices are organized in a nine-gon plus a vertex in its centre (cf. [5]). In Petersen's case the graph resulted from his earlier work in the factorization of regular graphs.

In 1891 Julius Petersen published a paper in the Acta Mathematica (volume 15, pages 193–220) entitled '*Die Theorie der regulären graphs*'. This paper is

Instantâneo - 2.10

Como se pode ver no resumo, compreendemos que este artigo foi o primeiro a ser registado na teoria dos grafos. Neste artigo, Petersen apresentou o seguinte resultado, que hoje é chamado de Teorema de Petersen.

Teorema de Petersen. Um grafo 3 - regular com no máximo duas folhas contém um 1 - fator.

Instantâneo - 2.11apresenta o famoso gráfico de Petersen com o seu nome.

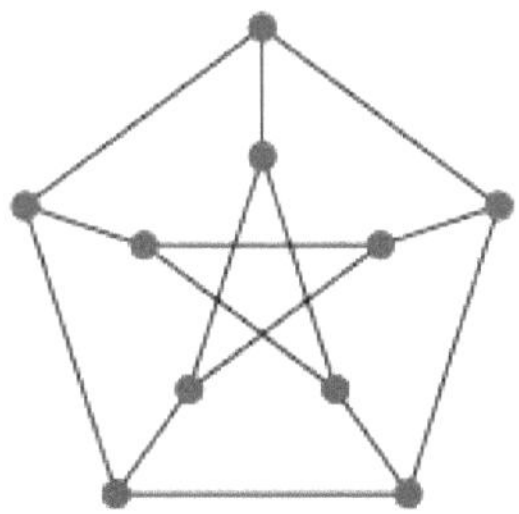

Instantâneo 2.11

Petersen contribuiu para muitas áreas da matemática, para além da teoria dos grafos, como a geometria, a álgebra, a teoria dos números, a análise, as equações diferenciais, a mecânica, a estatística, a cinemática, a dinâmica, a criptografia, a economia matemática, etc. O mundo da teoria dos grafos não pode existir atualmente sem os seus grafos regulares.

Kennedy et al. no seu artigo [13], ' Note - The Theorem on Planar Graphs' afirma que no final da década de 1920 vários matemáticos estavam prestes a descobrir um teorema para caraterizar grafos planares, cuja prova foi publicada por Casmiri Kuratowski em 1930. Desde então, o teorema é referido como teorema de Kuratowski na literatura da teoria dos grafos [14]. O teorema afirma que "um grafo é planar se e só se não contiver um subgrafo homeomórfico a K_5 ou a $K_{3,3}$ ". Uma prova deste teorema foi anunciada independentemente e mais ou menos na mesma altura por Frink e Smith em 1930 [15]. Numa nota de rodapé do seu artigo, Kuratowski afirma: "Soube pelo Sr. Alexandroff que um teorema para grafos, análogo ao meu teorema, foi encontrado pelo Sr. Pontryagin há vários anos, mas ainda não foi publicado". A restrição do teorema de Kuratowski para grafos cúbicos foi descoberta independentemente por Menger em 1930 [16]. Após estas descobertas independentes, este teorema fundamental é o mais frequentemente citado na teoria dos grafos. Vários resultados foram então publicados. A outra caraterização interessante de grafos planares feita por Kuratowski é

R6. Um grafo é planar se e só se não contiver nenhuma subdivisão de K_5 ou $K_{3,3}$.

A imagem 2.12 apresenta o artigo original de Kuratowski (escrito em polaco) que foi comunicado em 1929 e publicado em 1930 [14].

Sur le problème des courbes gauches en Topologie[1].

Par

Casimir Kuratowski (Lwów).

J'appelle une courbe, ou en général, un ensemble de points A, *gauche au sens topologique*, lorsque A n'est homéomorphe à aucun ensemble situé sur le plan.

Le problème consiste à caractériser les courbes gauches, ainsi conçues, de façon intrinsèque.

Dans cet ordre d'idées, le premier résultat important fut celui de M. Ważewski[2]: une courbe gauche n'est jamais une dendrite[3].

Ce résultat fut précisé ensuite par M. Ayres, qui prouva qu'un continu Péanien gauche doit — non seulement contenir une courbe simple fermée, comme l'a prouvé M. Ważewski — mais qu'il coutient toujours une courbe de la forme „θ" (courbe composée de trois arcs coextrémaux n'ayant deux à deux que leurs extrémités en commun)[4].

Je vais me borner dans cette note à traiter ledit problème dans

[1]) Les résultats principaux de cette note ont été communiqués à la Soc. Polonaise de Math. (Section de Varsovie) à la séance du 21 juin 1929.

[2]) Ann. de la Soc. Pol. Math. 2 (1924), p. 49—170 Cf. aussi une simple démonstration du même théorème donnée par M. Menger, Fund. Math. X (1926). Le théorème de M. Ważewski répond à un problème posé par M. Mazurkiewicz dans Fund. Math. II, p. 130.

[3]) Une *dendrite* est, par définition, un continu *Péanien* (= image continue d'un intervalle) qui ne contient aucune courbe simple fermée. C'est une généralisation de la notion de *l'arbre* de la topologie combinatoire.

[4]) Fund. Math. XIV, p. 92. M. Ayres prouve que la propriété de ne pas contenir de courbes θ caractérise les continus Péaniens qui sont homéomorphes à la *frontière d'une région* située sur le plan.

Instantâneo 2.12

A versão dual do teorema de Kuratowski, descoberta por Wagner et al [17], afirma

R7. Um grafo G é planar se e somente se G tiver um subgrafo contrátil a K_5 ou $K_{3,3}$.

Em 2015, Squid Tamar - Mattis apresentou uma prova rigorosa do Teorema de Wagner e Kuratowski. Ele provou o seguinte [18].

R8. Se G é planar, todos os subgrafos de G são planares.

R9. Se H é uma subdivisão de G e H é plana, então G é plana.

R10. K_5 não é plana.

R11. $K_{3,3}$ não é plana.

Para qualquer grafo não planar G, Squid Tamar - Mattis provou que [18],

R12. G tem pelo menos 3 ligações e tem pelo menos 5 vértices.

R13. G contém uma aresta e tal que G/e é pelo menos 3 - ligado. Aqui G/e

denota a contração de arestas.

R14. Para qualquer aresta e em G, G/e não contém um subgrafo de Kuratowski.

R15. Um grafo G é planar se e só se G não contiver um grafo de Kuratowski

subgrafo.

A simples descoberta de Kuratowski deu origem a inúmeras aplicações no mundo da comunicação atual. O mundo da teoria dos grafos lembrar-se-á dele até que o assunto exista. Instantâneo - 2.13 apresenta fotografias de Kazimierz Kuratowski.

Instantâneo - 2.13

Pensa-se que os primeiros resultados sobre a decomposição de grafos são a conjetura de Galai em 1968, que afirma que,

Conjetura de Galai: Seja G um grafo conexo com n vértices. Então G tem uma decomposição de caminhos D tal que $|D| \leq \dfrac{n+1}{2}$.

A prova desta conjetura foi dada por Lovasz em 1968 [20]. Ele afirmou que,

> R16. Seja G um grafo com n vértices. Se G tem no máximo um vértice de grau par, então G tem uma decomposição de caminhos D tal que $|D| \leq \dfrac{n}{2}$.

Instantâneo - 2.14 apresenta um resumo deste documento [20].

ON COVERING OF GRAPHS

by

L. LOVÁSZ

Eötvös Loránd University
Budapest, Hungary

In this paper we consider finite, undirected graphs without loops and multiple edges. A set $\{B_i\}_{i \in I}$ of subgraphs of the graph G is said to *cover* the edges of G or shortly to *cover* G if every edge of G is contained in one of the B_i-s. We are going to investigate which is the minimal number of covering subgraphs if they are required to be of certain type.

$\mathcal{N}(G)$ and $\mathcal{E}(G)$ will denote the number of vertices and edges of G respectively. xy denotes an edge connecting the vertices x and y. Disjoint means always edge-disjoint and path means simple path.

1. Covering by paths and circuits

ERDŐS asked what the minimal number of disjoint paths was with which we could cover any connected graph of n vertices. GALLAI conjectured that this number was $\left[\dfrac{n+1}{2}\right]$. A vertex of a graph will be called *odd* and *even* if it is of odd and even valency respectively. GALLAI pointed out the interesting special case of his conjecture when all vertices of the graph are odd. In this case n is even and the connectedness of the graph is not to be required. If we cover such a graph by disjoint paths, every vertex must be an endpoint of a covering path. Hence this covering uses at least $\dfrac{n}{2}$ paths, thus the conjecture is sharp. We prove another generalization of this special case:

THEOREM 1. *A graph of n vertices can be covered by* $\leq \left[\dfrac{n}{2}\right]$ *disjoint paths and circuits.*

This theorem includes the following two results concerning complete graphs: the complete graph of $2k$ vertices can be covered by k disjoint paths and the complete graph of $2k + 1$ vertices can be covered by k disjoint Hamilton lines. The first assertion is a special case of GALLAI's conjecture. To prove the second one let us mention that the elements of a covering by k disjoint paths and circuits cover together at most $k(2k + 1)$ edges. Since here the equality holds, these covering subgraphs are Hamilton lines.

Instantâneo - 2.14

Além disso, provou os seguintes resultados [20].

R17.   Se um grafo tiver u vértices ímpares e g vértices pares ($g \geq 1$), então pode ser

coberto por $\dfrac{n}{2} + g - 1$ caminhos disjuntos.

R18.   Seja um grafo localmente finito com apenas vértices ímpares. Então ele pode ser coberto por

caminhos finitos disjuntos de modo a que cada vértice seja o ponto final de apenas uma cobertura

caminho.

R19.   Um grafo G pode ser coberto por k + t subgrafos completos, em que $k = n\,C_2$ - e e t é o maior número natural para o qual $t^2 - t \leq k$.

Este grande matemático, Lovasz, nasceu a 9th de março de 1948 em Budapeste, Hungria. Deu contributos significativos para a combinatória, tendo-lhe sido atribuído o prémio Abel. Instantâneo - 2.15 apresenta imagens de Lovasz.

Instantâneo - 2.15

A partir de 1948, a decomposição de grafos desenvolveu-se em várias dimensões e emergiu como um forte domínio da teoria dos grafos.

Apresentamos de seguida uma nota muito breve sobre os desenvolvimentos na decomposição de grafos. E. G. Strauss colocou a questão de saber se o grafo n completo e dirigido pode ser decomposto em n caminhos hamiltonianos dirigidos. Uma construção simples mostra que, para n = 2, 4, 6, a dissecação é possível, enquanto para n = 3, 5, 7, uma contagem exaustiva e fastidiosa mostra que a dissecação é impossível. Isto leva à possível conjetura de que a decomposição só existe para números inteiros pares. Em 1968, N. S. Mendelsohn provou que a conjetura é falsa e mostrou que a decomposição é possível para n = 21 [21]. Em 1966, Kotzig encontrou o espetro para a decomposição m - ciclo de $K2xm_{+1}$ quando $m \equiv 0$ mod (4) e Rosa determinou o mesmo para as restantes classes de congruência [22]. Em [23], o autor provou que um grafo completo pode ser decomposto em polígonos com um número ímpar de arestas.

Em 1981, Sotteau provou que um grafo bipartido completo $K_{m, n}$ pode ser decomposto em ciclos de comprimento 2k, quando m e n são pares, 2k divide xy e x, y$\geq$ k [24]. De forma semelhante, Hoffman et al apresentaram a decomposição em ciclos ímpares de grafos completos [25]. Rees considerou o problema da decomposição de um grafo completo em cópias de P_1 e C_3 [26]. Bermond et al encontraram condições necessárias e suficientes para a existência (P_1 , P_m) - factorização de $K\lambda_n$ [27]. O mais interessante é que o problema do espetro para decompor o multigrafo dirigido completo em estrelas dirigidas foi resolvido em [28, 29]. Há vários resultados relativos à decomposição de ciclos dirigidos [30, 31] e, equivalente a este resultado, o problema da decomposição de grafos dirigidos em C_m - é apresentado em [32, 33].

O número de decomposição de caminhos acíclicos (π_a (G)) é definido por Harary e posteriormente estudado extensivamente por Harary Schwenk [34], Peroche [35], Stanton et al [36, 37] , Arumugam e Suseela [38]. Arumugam et al iniciaram o estudo do parâmetro π e π_a número de decomposição do caminho. Eles determinaram o valor deπ para poucos grafos padrão e encontraram os limites para o mesmo [39]. Em 2017, Sayyad Nayyarodeen et al. estudaram três problemas de quebra de simetria de grafos, quatro decomposições de grafos em duas arquiteturas diferentes e algoritmos de decomposições [40].

Em 2018, Vanitha et al discutiram a decomposição P_4 e mostraram que a decomposição P_4 é possível para o grafo planar conectado com arestas de cardinalidade divisível por 3 [41]. Antoon H. Boode e Hajo Broersma introduziram um novo tipo de produto de grafo chamado vértice - removendo o produto sincronizado e, usando essa definição, forneceram um método para decompor o grafo não direcionado com $n \geq 4$ em dois grafos menores [42].

Em 2010, Ebin Raja Merly e Jeya Jothi estabeleceram a decomposição de dominação conectada de grafos web e sunlet [43]. No mesmo ano, Ilayaraja et al. apresentaram uma decomposição de grafos em caminhos e estrelas. Provaram que o produto tensorial de grafos completos $K_m \times K_n$ admite uma decomposição com 4 vértices se e só se $mn \, (m - 1) \equiv 0 \, (\bmod 8)$ [44]. Etienne Birmele introduziu a decomposição hub-laminar que generaliza o cálculo do caminho mais curto com excentricidade mínima. Mostraram que um grafo com tal decomposição e com caminhos suficientemente longos pode ser decomposto em tempo polinomial com limites nos parâmetros da decomposição [45]. Em 2021, Lintzmayer et al provaram que qualquer grafo decomponível dividido pode ser decomposto em, no máximo, três subgrafos localmente irregulares [46].

Em 2022, Xiang Qin e Baoyindureng W_u decompuseram um grafo em dois subgrafos com restrições de graus mínimos [47]. Eun-Kyung Cho et al forneceram o procedimento para decomposição de grafos planares com restrições de grau [48]. Em 2023, Aspenson, G et al [49], Alan Bonhert et al [50] tentaram decompor grafos completos em grafos unicíclicos com restrições de grau. Em 2024, Jakub Przybyło provou que "Todo grafo regular é decomponível em 2 subgrafos irregulares localmente 7 - defeituosos e 2 subgrafos irregulares localmente 48 - defeituosos". Também propôs uma conjetura interessante: "Todo o grafo regular é decomponível em 2 subgrafos localmente quase irregulares" [51].

A partir deste breve levantamento, compreendemos que a maioria dos investigadores tenta apresentar a decomposição de um tipo particular de grafos em subgrafos. Os resultados sobre a decomposição de qualquer grafo com n vértices são menos investigados. Neste livro, planeamos decompor qualquer grafo com n vértices e m arestas em subgrafos planares usando uma técnica iterativa.

Capítulo - 3

Decomposição do gráfico planar de G = (V, E)

Neste capítulo, apresentamos técnicas iterativas para decompor G = (V, E)
sem simetrias estruturais subjacentes em

    i.   Gráficos de estrelas

    ii.   Gráficos de estrelas duplas

    iii.   Árvores de cobertura

    iv.   Grafos planos

Os primeiros 3 casos decompõem G em grafos planares em que os
subgrafos são árvores. No último caso decompomos G em grafos planares
em que os subgrafos não são necessariamente árvores. Vamos decompor
os grafos da Fig. 3.1.

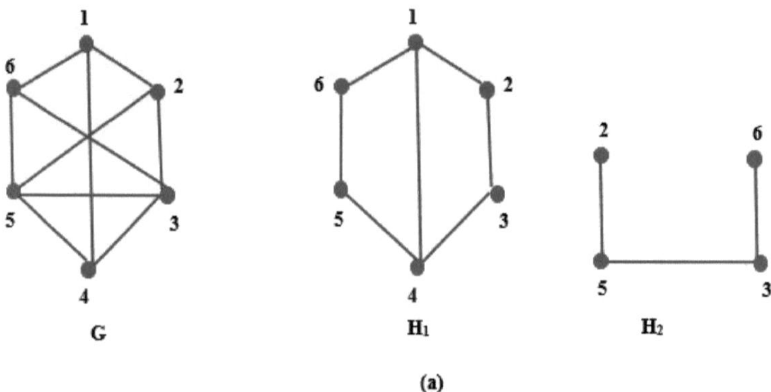

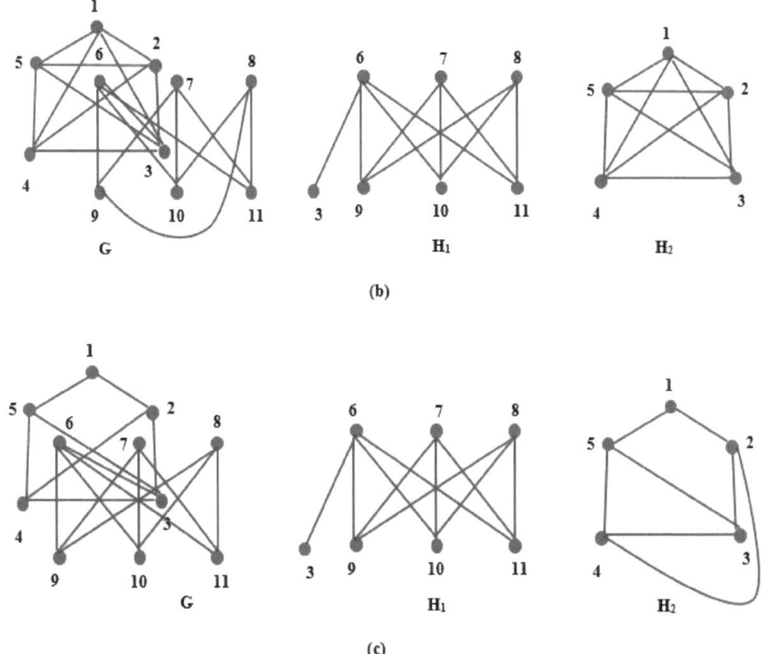

Fig. 3.1

O grafo G da Fig. 3.1 (a) é decomposto em grafos planares. O grafo G da Fig. 3.1 (b) é decomposto em grafos não planares. O grafo G da Fig. 3.1 (c) decompõe-se em H_1 e H_2 , em que H_1 é um grafo não planar e H_2 é um grafo planar. Há alguns grafos, como árvores e ciclos, que só podem ser decompostos em grafos planares. De facto, todos os grafos planares podem ser decompostos apenas em grafos planares. Após uma revisão de artigos sobre decomposição de grafos, observámos que a maioria das decomposições tem como objetivo decompor um tipo particular de grafos em subgrafos. Assim, a questão que se coloca agora é ,

   i.   é possível decompor um grafo com n vértices e m arestas?

   ii.   Se G não for planar, temos uma técnica para decompor G apenas em grafos planares?

Este capítulo tenta encontrar uma solução para estas questões e centra-se no desenvolvimento de técnicas iterativas para o efeito.

3.1 Decomposição do gráfico planar de G = (V, E) usando γ - Set

3.1.1. Decomposição em grafos em estrela

Considere o grafo da Fig. 3.2(a), D = { 2, 5, 7, 9 } é um γ - conjunto para G. Os grafos das Figs. 3.2 (b), 3.2 (c), 3.2 (d) e 3.2 (e) são grafos em estrela. Em geral, para qualquer grafo G com um γ - conjunto D, N [v_i] é uma estrela para cada $v_i \in$ D. Com esta observação, continuamos agora a decompor G em estrelas.

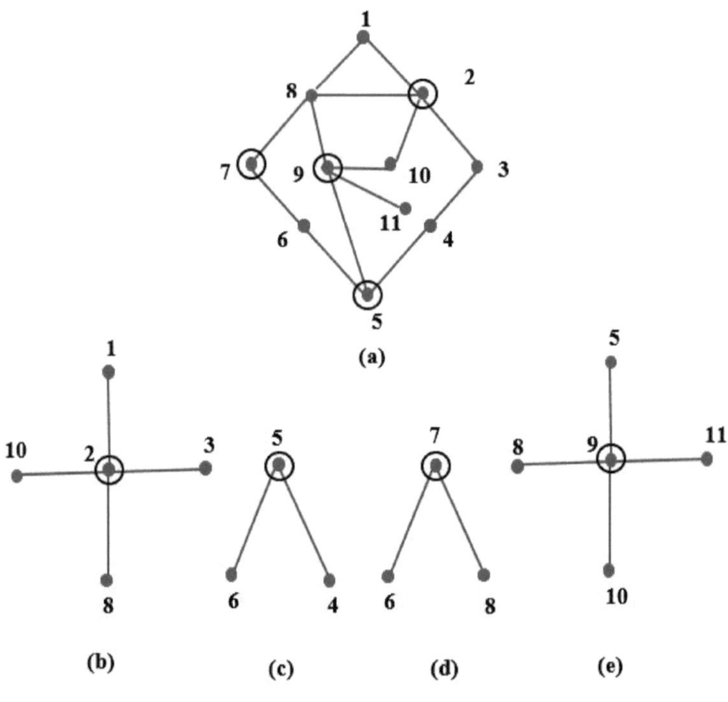

Fig. 3.2

Seja G um grafo conexo com n vértices e m arestas. Seja D um γ - conjunto para G.

Etapa 1 Rotulemos os vértices de G da seguinte forma.

i. Seja $D = \{ v_1, v_2, ..., v_k \}$, $1 \leq k \leq \left\lfloor \dfrac{n}{2} \right\rfloor$.

ii. Rotular $N (v_1) = \{ v_{11}, v_{12}, ..., v_{1a1} \}$. A seguir, etiqueta $N (v_2) = \{ v_{21}, v_{22}, ..., v_{2a2} \}$ de modo que $N (v)_1 \cap N (v_2) = \phi$, ou seja, se um vértice $u \in N (v)_1 \cap N (v_2)$, então u recebe a etiqueta v_{1i}, $1 \leq i \leq a1$.

Generalizando, se qualquer $u \in N (v_i)$, $N (v_j)$, $N (v_1)$, $i \leq j \leq l$, então u recebe a etiqueta v_{ip}, $1 \leq p \leq ai$, ou seja, u está ligado ao vértice menos etiquetado em D. Assim, rotulamos qualquer vértice em V - D como $N (v_i) = \{ v_{i1}, v_{i2}, ..., v_{iai} \}$, $N (v_j) = \{ v_{j1}, v_{j2}, ..., v_{jaj} \}$, $1 \leq i, j \leq k$ tal que $N (v)_i \cap N (v_j) = \phi$.

A estrutura parcial da rotulagem é apresentada na Fig. 3.3.

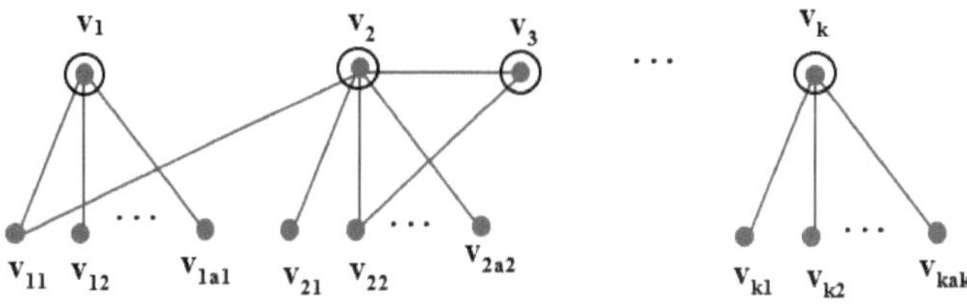

Fig. 3.3

Passo 2. Qualquer um dos⟨ D⟩ pode estar ligado ou desligado com p componentes $2 \leq p \leq k$. Incluímos as arestas entre eles da seguinte forma. Para qualquer $v_i \in D$, se v_i for adjacente a v_j de tal forma que $i < j$, então anexe v_j em $N [v_i]$, para todos os v_i, $v_j \in D$, $1 \leq i, j \leq k$, $i \neq j$.

Passo 3. Decomponha G em $H_1, H_2, ..., H_k$ cada $H_j = N [v_j]$, $1 \leq j \leq k$. Cada $N [v_j]$ é uma estrela.

A estrutura parcial do grafo é apresentada na Fig. 3.4.

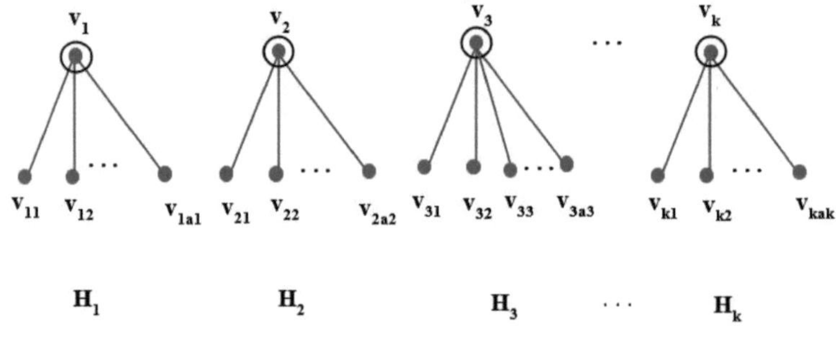

H₁ **H₂** **H₃** ··· **Hₖ**

Fig. 3.4

Passo 4. Se $G = H_1 \cup H_2 \cup ... \cup H_k$, então termina o procedimento. Caso contrário, passa-se à etapa 5.

Passo 5. Seja $G' = G - \{ H_1 \cup H_2 \cup ... \cup H_k \}$. G' pode ser um grafo ligado ou desligado. Sem perda de generalidade, vamos assumir que G' é um grafo desconexo com q1 componentes G_1' , G_2' , ..., G_{q1}' .

Passo 6. Suponha que $G_i' = G$, $1 \leq i \leq q1$ e repita os passos 1 a 4, para todo o G_i' , para gerar uma sequência de estrelas H_{i1}' , H_{i2}' , ..., H_{iki}' sob $k_i = | D_i |$ para qualquer γ - conjunto D_i de G_i' , $1 \leq i \leq q1$.

Passo 7. Se $G = H_1 \cup H_2 \cup ... \cup H_k \cup \{ H_{i1}' \cup H_{i2}' \cup ... \cup H_{iki}' \}$, para todos os $1 \leq i \leq q1$, então termine. Caso contrário, deixe $G'' = G - \{ H_1 \cup H_2 \cup ... \cup H_k \} \cup \{ H_{i1}' \cup H_{i2}' \cup ... \cup H_{iki}' \}$. G'' pode ser um grafo ligado ou desligado. Sem perda de generalidade, vamos assumir que G'' é um grafo desconexo com q2 componentes G_1'' , G_2'' , ..., G_{q2}'' .

Passo 8. Suponha que $G_i'' = G$, $1 \leq i \leq q2$ e repita os passos 1 a 3, para todo o G_i'' , para gerar uma sequência de estrelas H_{i1}'' , H_{i2}'' , ..., H_{iki}'' sob $k_i = | D_i |$ para qualquer γ - conjunto D_i de G_i'' , $1 \leq i \leq q2$.

Passo 9. Repetindo os passos 1 a 8, geramos uma sequência de grafos G, G' , G'' , ... até G ser decomposto em grafos estrela.

Vamos ilustrar o processo de decomposição utilizando o gráfico da Fig. 3.5.

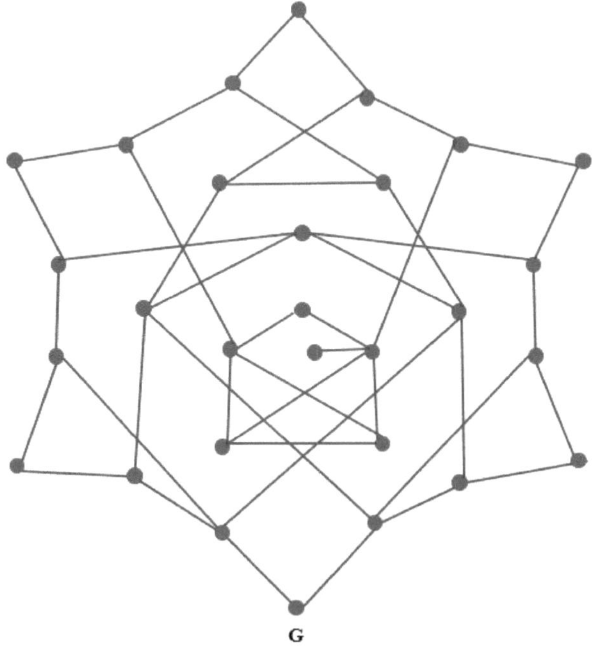

G

Fig. 3.5

Vamos etiquetar os vértices de G, como discutido no Passo - 1. O grafo rotulado é apresentado na Fig. 3.6.

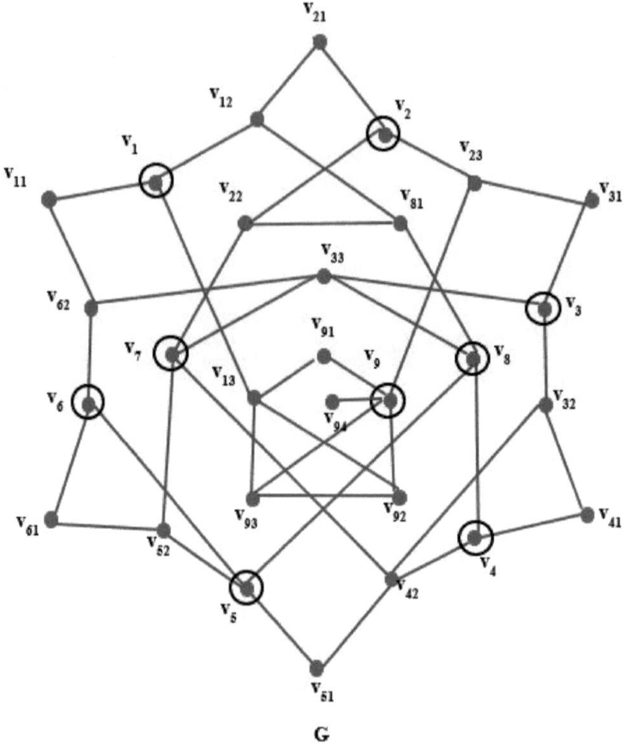

G

Fig. 3.6

Vamos decompor G em grafos em estrela usando o Passo 2 - 3. O grafo decomposto pode ser visto na Fig. 3.7.

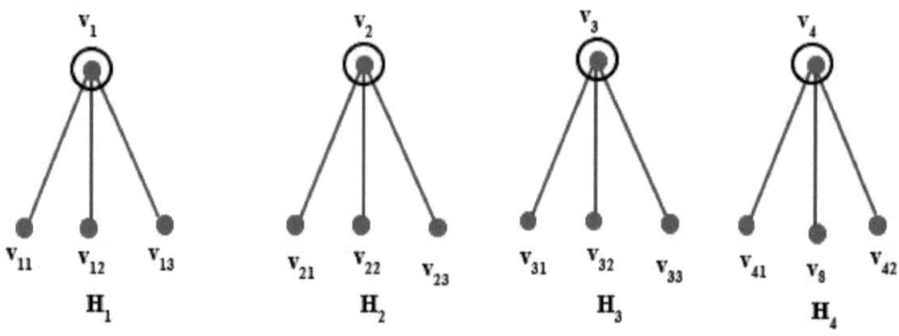

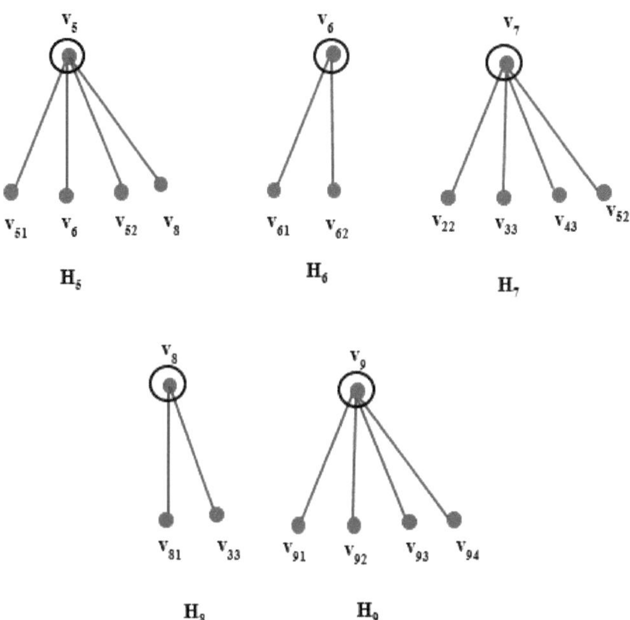

Fig. 3.7

Como $G \neq H_1 \cup H_2 \cup \ldots \cup H$, $G_9' = G - \{ H_1 \cup H_2 \cup \ldots \cup H_9 \}$. Os componentes de G' podem ser vistos na Fig. 3.8.

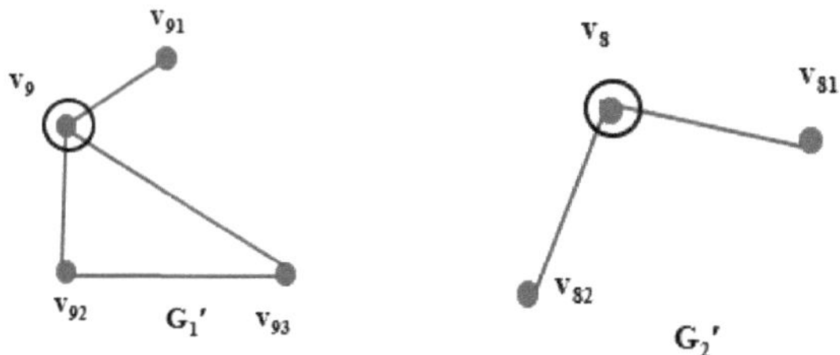

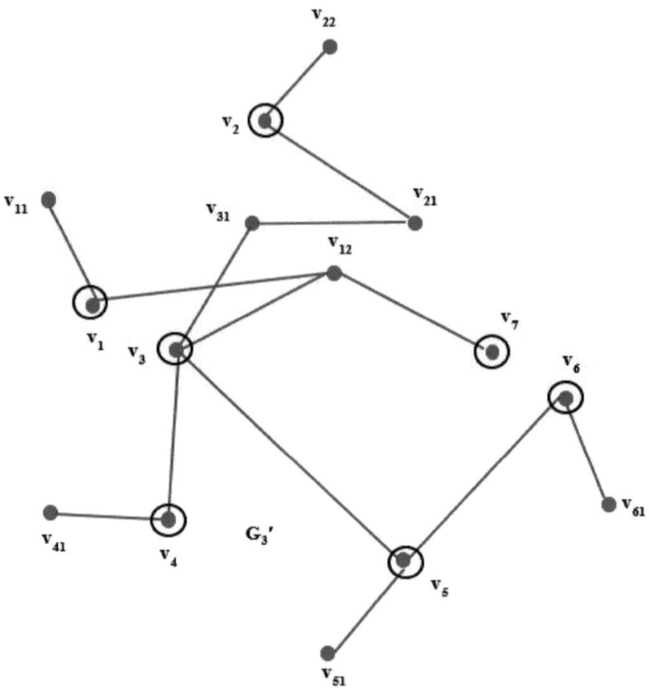

Fig. 3.8

Seja $G_1' = G$. Usando o Passo - 6, geramos uma sequência de estrelas como se vê na Fig. 3.9.

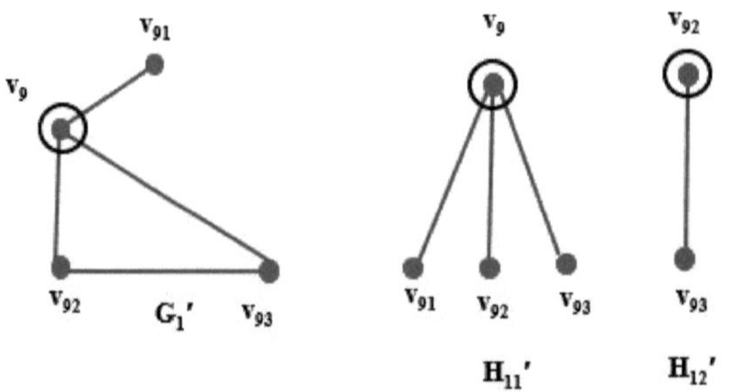

Fig. 3.9

Da mesma forma, a sequência de estrelas geradas a partir de G_2' e G_3' é vista na Fig. 3.10.

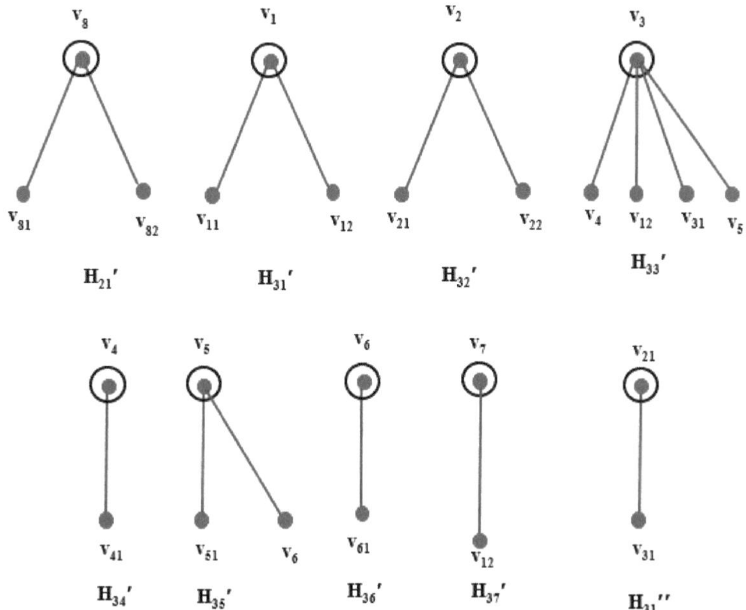

Fig. 3.10

Finalmente, G é decomposto em 20 - gráficos em estrela, como se vê nas Figuras 3.7, 3.9 e 3.10.

3.1.2. Decomposição em Árvores de Varredura

Nesta secção, decompomos G em árvores de extensão. Seja G um grafo conexo com n vértices e m arestas. Seja D um γ - conjunto para G.

Passo 1. Rotulemos os vértices de G da seguinte forma.

i.   Seja D = { v_1 , v_2 , ..., v_k }, $1 \leq k \leq \left\lfloor \dfrac{n}{2} \right\rfloor$.

ii.   Para cada v $_i \in$ X, a etiqueta N (v_i) = { w_{i1} , w_{i2} , ..., w_{iki} }, para todos os v $_{ip} \in$ Pn [v_i], $1 \leq p \leq k_i$, N (v_j) = { w_{j1} , w_{j2} , ..., w_{jkj} }, para todos os w $_{jq} \in$ Pn [v_j], $1 \leq q \leq k_j$ tal que N (v_i)$\cap$ N (v_j) =ϕ .

iii.   Para cada u_1 , u_2 , ..., u $_r \in$ N (v_i)$\cap$ N (v_j), assinale-os como $u_{1\,(k1+1)}$, $u_{2\,(k1+1)}$, ..., $u_{r\,(k1+r)}$.

Passo 2. Decomponha G em H_1, H_2, ..., H_k cada $H_j = N[\ v_j\ ]$, $1 \le j \le k$. Cada $N[\ v_j\ ]$ é uma estrela, $v_j \ne v_i$, $i \ne j$.

O passo - 2 resulta numa floresta, em que cada componente da floresta é um grafo em estrela. A estrutura parcial do grafo pode ser vista na Fig. 3.11.

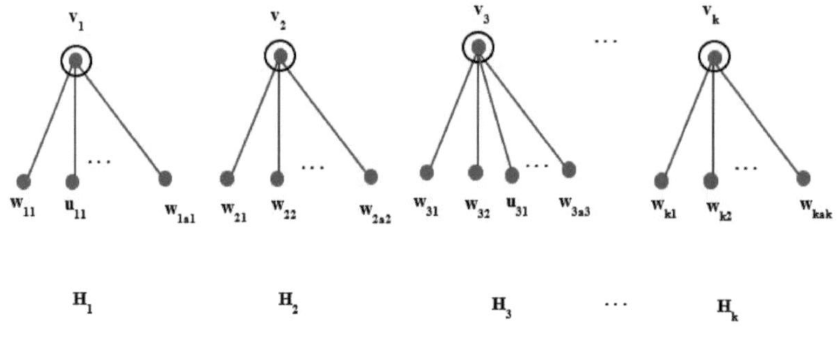

Fig. 3.11

Passo 3. Vamos agora ligar os componentes da floresta.

i. Partir de um componente aleatório qualquer. Identifique-o como F_i. Encontre outro componente. Rotule-o como F_j tal que haja pelo menos um $v_1 \in F_i$ e v $F_j \in_j$ tal que v_i seja adjacente a v_j. Seja $e_{ij} = (\ v_i\ v_j\ )$. Note-se que$\langle F_i \cup F_j \cup e_{ij} \rangle$ é uma árvore. Seja $F' = \langle F_i \cup F_j \cup e_{ij} \rangle$.

ii. Encontre outro componente F_p e $p \ne i, j$. Repita (i) para gerar uma nova árvore, adicionando uma aresta entre F' e F_p. Rotule a nova aresta e_{jp}. Seja $F'' = \langle F' \cup F_p \cup e_{jp} \rangle$.

iii. Repetir (i) e (ii) para gerar uma sequência de árvores F F' F'' ... F^{k-1} até não podermos continuar.

Note-se que cada árvore da sequência tem uma aresta a mais do que a anterior. $Q = F \cup F' \cup F'' \cup ... \cup F^{k-1}$ é uma árvore de extensão para G.

Passo 4. Se $G = Q$, termina o procedimento. Caso contrário, deixe $G' = G - \{\ Q\ \}$. G' pode ser um grafo ligado ou desligado. Sem perda de generalidade, vamos assumir que G' é um grafo desconexo com r1 componentes Q_1', Q_2', ..., Q_{r1}'.

Passo 5. Assumir que $Q_i' = G$, $1 \leq i \leq r_1$ e repetir os passos 1 - 3, para todos os Q_i', para gerar uma sequência de árvores F_{i1}', F_{i2}', F_{i3}'' ..., $F_{iki}^{(k-1)}$, em que $k_i = |D_i|$ para qualquer γ - conjunto D_i de Q_i', $1 \leq i \leq r1$.

Passo 6. Se $G = Q \cup \{ F_{i1}' \cup F_{i2}' \cup F_{i3}'' \cup ... \cup F_{iki}^{(k-1)} \}$, para todos os $1 \leq i \leq r1$, então termina. Caso contrário, continue a partir do passo 4 atribuindo $G'' = G - \{ Q \} \cup \{ F_{i1}' \cup F_{i2}' \cup F_{i3}'' \cup ... \cup F_{iki}^{(k-1)} \}$.

Passo 7. Seja $G'' = G - Q - \{ F_{i1}' \cup F_{i2}' \cup ... \cup F_{iki}' \}$. G'' pode ser um grafo ligado ou desligado. Sem perda de generalidade, vamos assumir que G'' é um grafo desconexo com r2 componentes G_1'', G_2'', ..., G_{r2}''.

Passo 8. Suponha que $Q_i'' = G$, $1 \leq i \leq r2$ e repita os passos 1 a 4, para todo o G_i'', para gerar uma sequência de estrelas F_{i1}'', F_{i2}'', ..., F_{iki}'' sob $k_i = |D_i|$ para qualquer γ - conjunto D_i de G_i'', $1 \leq i \leq r2$.

Passo 9. Repetindo os passos 1 a 8, geramos uma sequência de grafos G, G' , G'' , ... até que G seja decomposto numa floresta de extensão.

Vamos ilustrar o processo de decomposição utilizando o gráfico da Fig. 3.12.

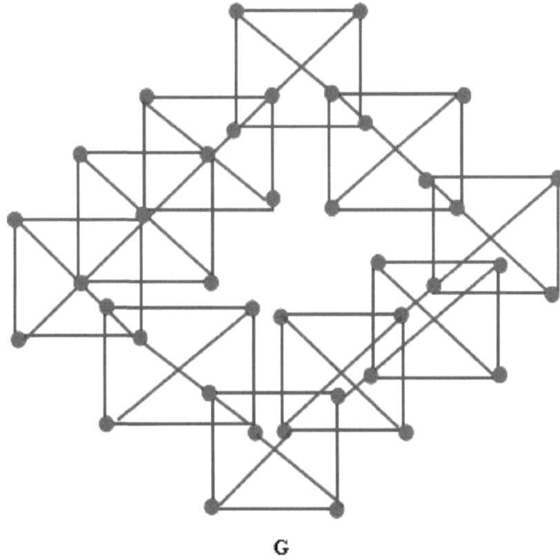

G

Vamos etiquetar os vértices de G, como discutido no Passo - 1. O grafo rotulado é apresentado na Fig. 3.13.

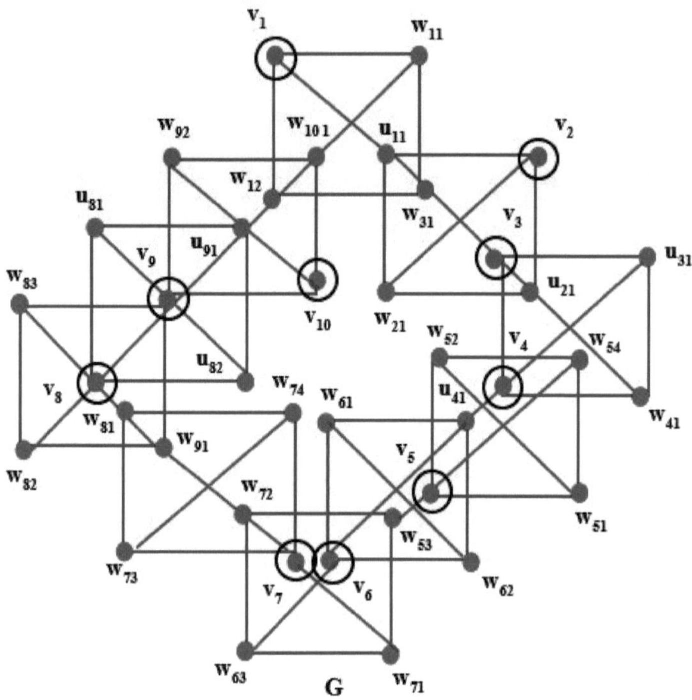

Fig. 3.13

Vamos decompor G em grafos em estrela usando os passos 2 e 3. O grafo decomposto é apresentado na Fig. 3.14.

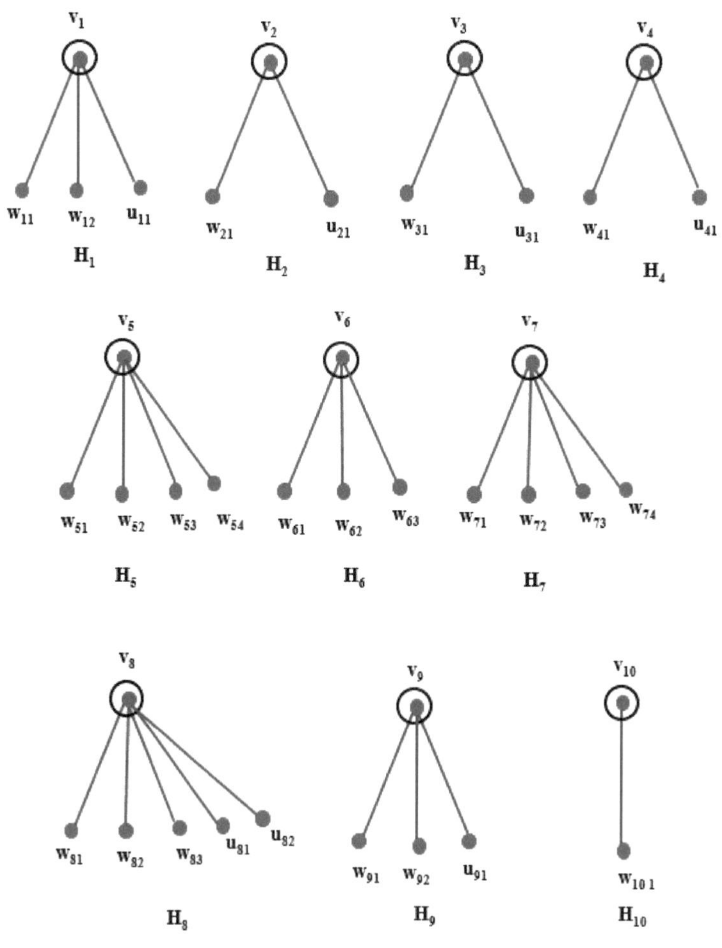

Fig. 3.14

Usando o Passo 4, geramos uma árvore de abrangência adicionando uma aresta entre a floresta de abrangência, como se vê na Fig. 3.15.

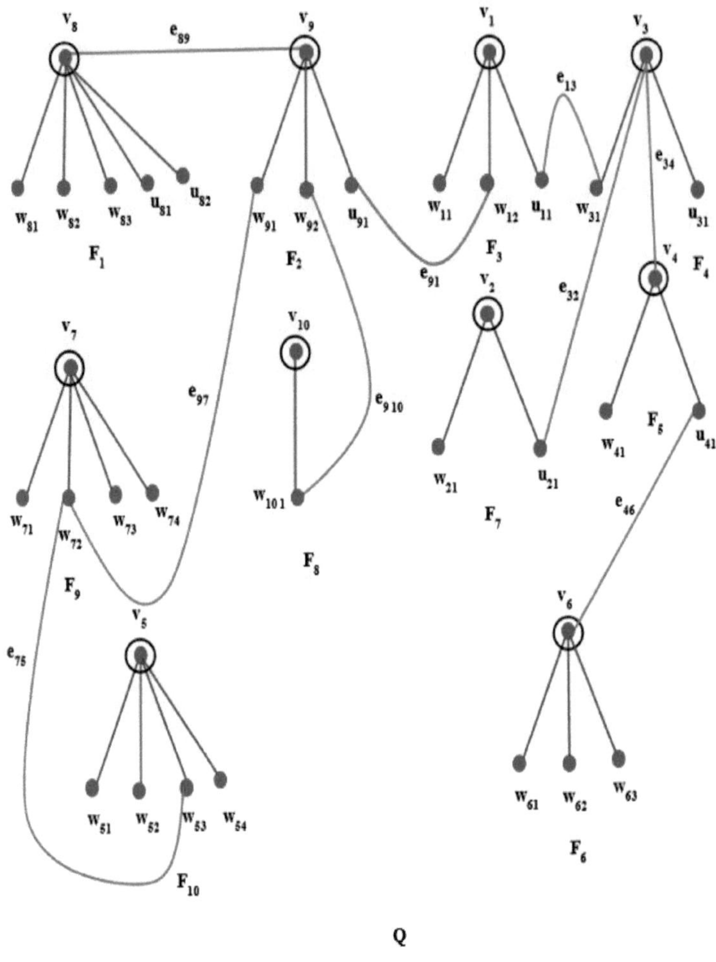

Fig. 3.15

Como G≠ Q, G ′ = G - Q. Os componentes de G′ são vistos na Fig. 3.16.

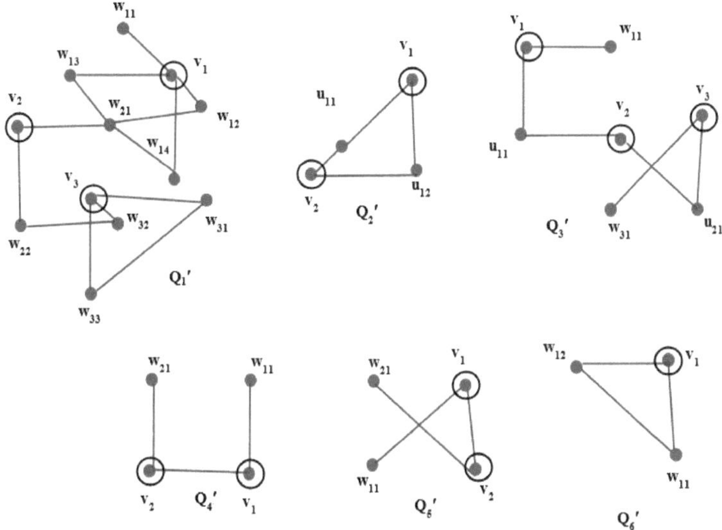

Fig. 3.16

Usando os passos 5 a 8, geramos uma sequência de árvores de abrangência como se vê na Fig. 3.17.

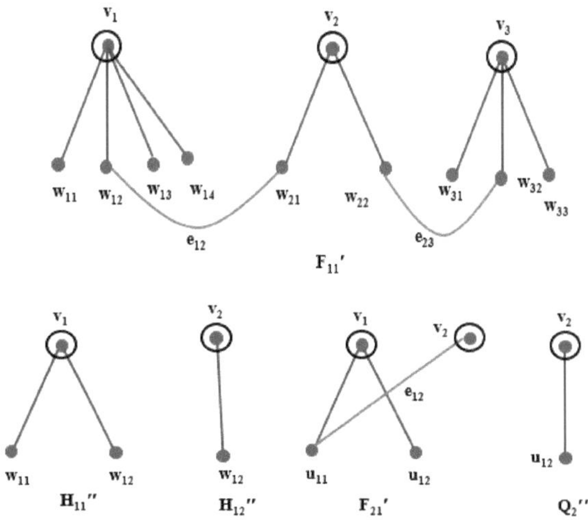

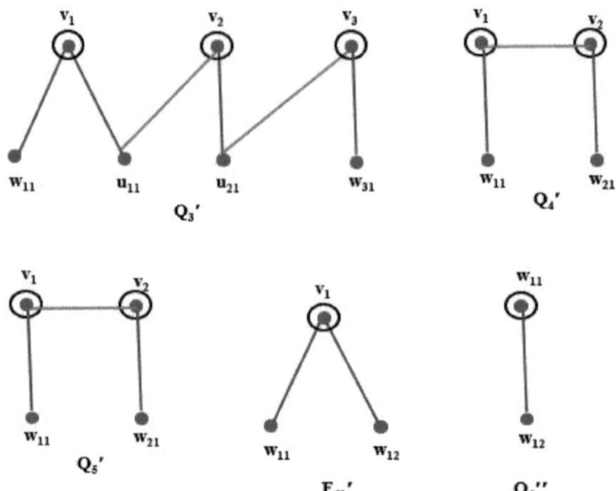

Fig. 3.17

Finalmente, G é decomposto em 11 árvores, como se pode ver nas Figuras 3.15 e 3.17.

3.2. Decomposição do grafo planar de G = (V, E) usando γ′ - Set

Nesta secção, decompomos G em estrelas e estrelas duplas. Para esta decomposição, utilizamos o domínio de arestas. Consideremos o grafo G da Fig. 3. 18. O conjunto dominante de arestas deste grafo está destacado a verde. D = { a, d, h, k, s } é um γ′ - conjunto para G.

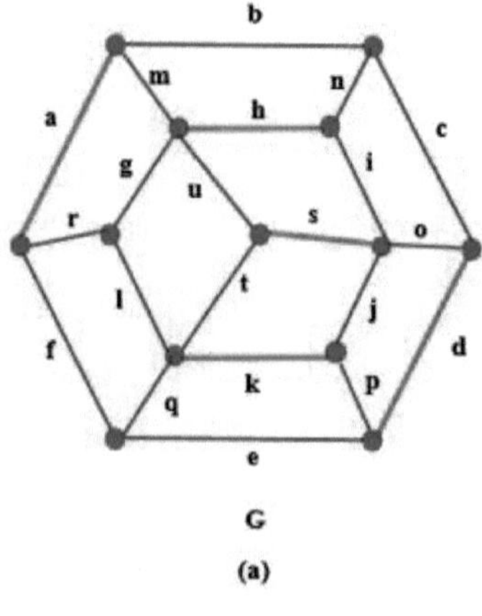

G

(a)

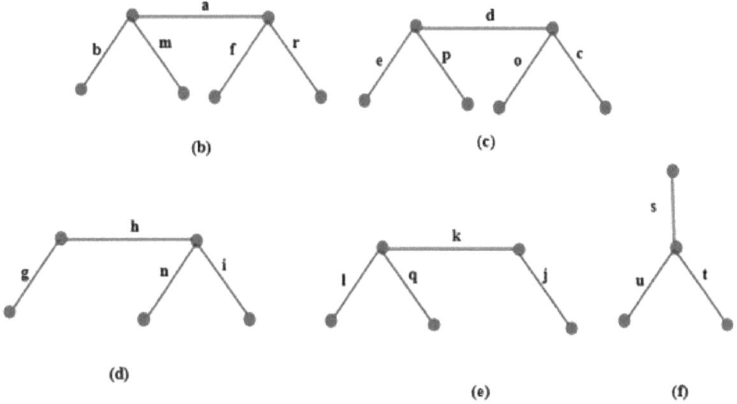

Fig. 3.18

Os grafos da Fig. 3.18 (b), 3.18 (c), 3.18 (d) e 3.18 (e) são estrelas duplas e o 3.8 (f) é uma estrela. Em geral, para qualquer grafo G com um γ' - conjunto D' , N [e_i] é uma estrela ou dupla estrela para cada e $_i \in$ D' . Com esta observação, continuamos agora a decompor G em estrelas e estrelas duplas.

Passo 1. Seja G um grafo conexo com n vértices e m arestas e seja D' um conjunto γ' para G. Rotulemos as arestas em G' da seguinte forma.

i.   Seja D' = { e_1 , e_2 , ..., e_k }, $1 \le k \le \left\lfloor \dfrac{m}{2} \right\rfloor$.

ii.   Rotular N (e_1) = { e_{11} , e_{12} , ..., e_{1a1} }. Em seguida, etiqueta N (e_2) = { e_{21} , e_{22} , ..., e_{2a2} } de modo a que N (e)$_1 \cap$ N (e_2) $= \phi$, ou seja, se qualquer aresta e$\in$ N (e)$_1 \cap$ N (e_2), então e recebe a etiqueta e_{1i} , $1 \le i \le a1$.

Generalizando, se qualquer u$\in$ N (e_i), N (e_j), N (e_l), i$\le$ j$\le$ l, então u recebe a etiqueta e_{ip} , $1 \le p \le ai$, ou seja, u está ligado à aresta menos etiquetada em D. Assim, rotulamos qualquer aresta em V - D como N (e_i) = { e_{i1} , e_{i2} , ...,

51

e_{iai} }, $N (e_j) = \{ e_{j1} , e_{i2} , ..., e_{jaj} \}$, $1 \leq i, j \leq k$ tal que $N (e)_i \cap N (e_j) = \phi$.
A estrutura parcial da rotulagem é vista na Fig. 3.19.

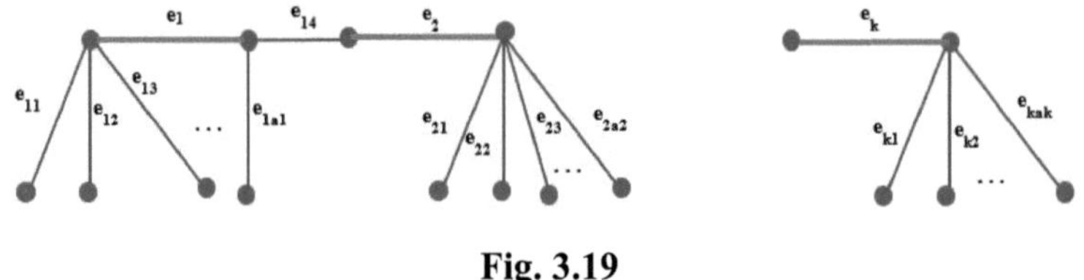

Fig. 3.19

Passo 2. Decompor G em H_1 , H_2 , ..., H_k cada $H_j = N [e_j]$, $1 \leq j \leq k$. Cada N
[e_j] é uma estrela ou dupla estrela. A estrutura parcial da decomposição
pode ser vista na Fig. 3.20.

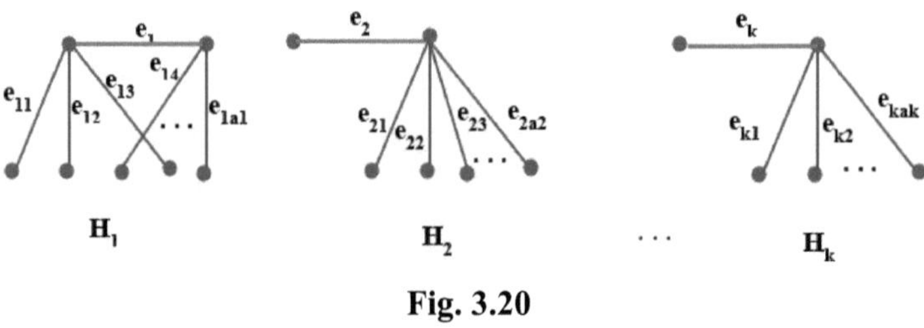

Fig. 3.20

Note-se que $\bigcup_{i=1}^{k} H_i$ pode ser $= \begin{cases} \text{stars} \\ \text{double stars} \\ \text{stars and double stars.} \end{cases}$

Para facilitar a representação, todos os gráficos são representados como
estrelas duplas.

Vamos ilustrar o processo de decomposição utilizando o grafo da Fig. 3.21.
Vamos etiquetar as arestas em G, como discutido no Passo - 1. O grafo
rotulado é apresentado na Fig. 3.22.

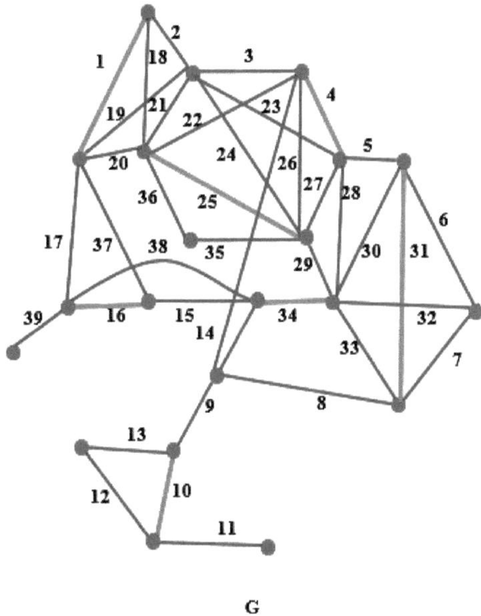

G

Fig. 3.21

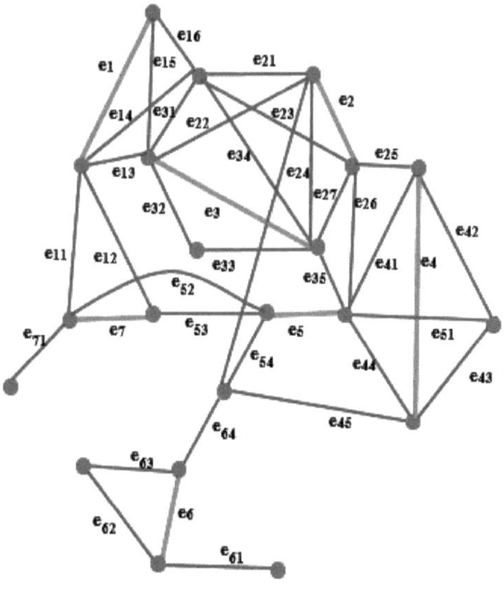

G

53

Vamos decompor G em grafos estrela e estrela dupla usando o Passo 2. O grafo decomposto é apresentado na Fig. 3.23.

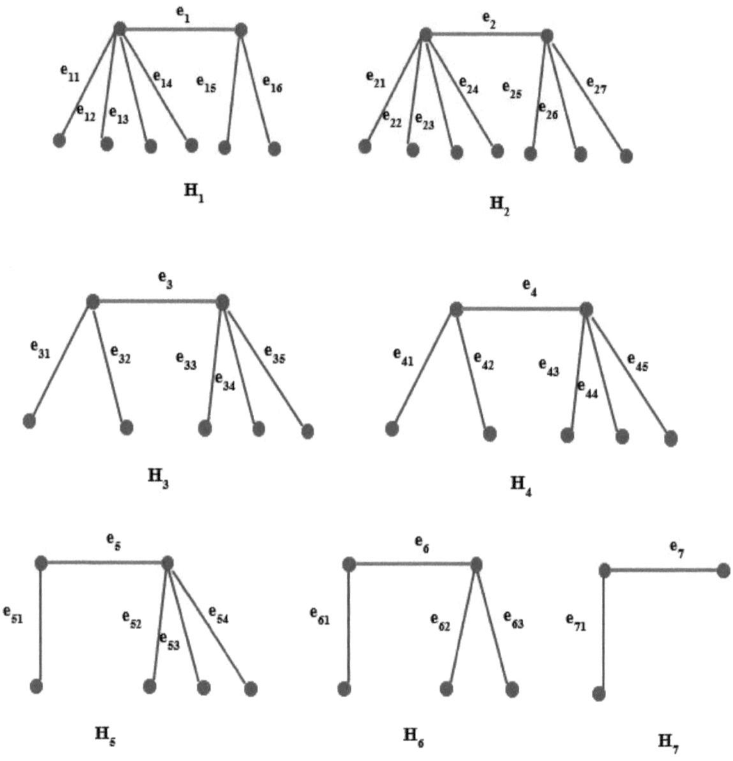

Finalmente, G é decomposto em 6 - grafos de estrela dupla e 1 - grafo de estrela, como se vê na Fig. 3.23.

3.3. Decomposição do grafo planar de G = (V, E) utilizando a trajetória hamiltoniana

Nesta secção, decompomos G em grafos planares, usando o caminho hamiltoniano como ferramenta de decomposição. Vamos tentar decompor o grafo G da Fig. 3.24 em subgrafos, como se vê na Fig. 3.25 (a), (b) e (c).

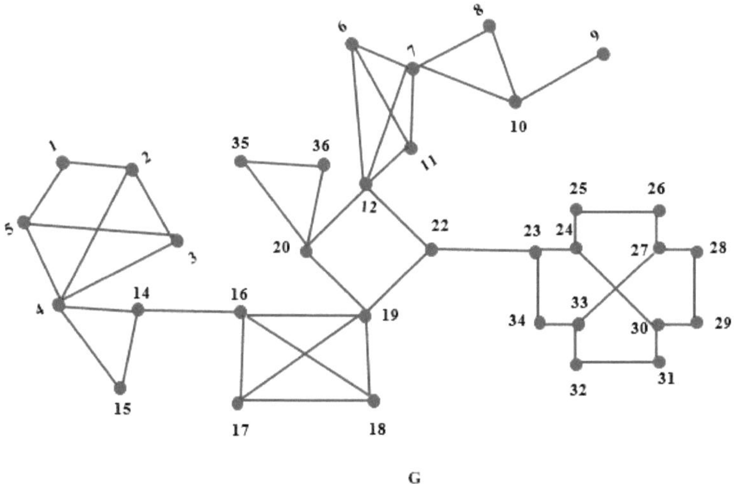

G

Fig. 3.24

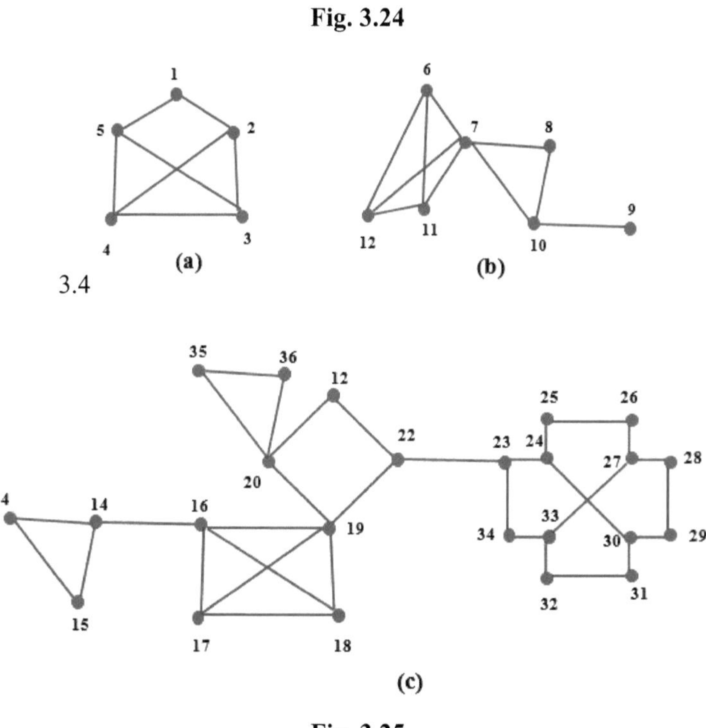

3.4

(a)

(b)

(c)

Fig. 3.25

O grafo da Fig. 3.25 (a) tem uma trajetória hamiltoniana { 1, 2, 3, 4, 5 } mas não é separável. O grafo da Fig. 3.25 (b) tem um caminho hamiltoniano { 11, 12, 6, 7, 8, 10, 9 } com um vértice separável { 7 }. O grafo da Fig. 3.25 (c) tem mais de um vértice de corte. { 14, 16, 20, 19, 22, 23 } são os vértices cortados. Este grafo não tem um caminho hamiltoniano. O grafo da Fig. 3.25 (b) não é hamiltoniano mas tem uma trajetória hamiltoniana. Grafos com mais de um vértice cortado não precisam de ter um caminho hamiltoniano, como se vê na Fig. 3.25 (c). Agora planeamos decompor um grafo em grafos planares usando o caminho hamiltoniano. Uma vez que um grafo separável não tem de ter sempre uma trajetória hamiltoniana, consideramos grafos ligados simples não separáveis.

Seja G um grafo planar simples não - separável com n vértices e m arestas. Vamos agora decompor G em grafos planares utilizando o seguinte procedimento. Esta técnica de iteração baseia-se no resultado de que "qualquer grafo G com menos ou igual a oito arestas é sempre planar".

Passo 1. Considere-se uma trajetória hamiltoniana $P = \{ v_1 , v_2 , ..., v_q \}$. Seja $N (v_i) = \{ v_{i1} , v_{i2} , ..., v_{iki} \}$, para todo $v_i \in P$, $1 \leq i \leq q$. Considere $v_1 \in P$ e $N [v_1]$ tal que $| N [v_1] | \leq 4$, $| E (\langle N [v_1]\rangle) | \leq 6$, implica que $\langle N [v_1]\rangle$ é planar. Em seguida, considere $N [v_2]$ tal que $| N (v_2) | \leq 4$, $N [v_1] \cap N [v_2] = \{ v_1 , v_2 \}$. Se $\langle N [v_1]\rangle = \langle N [v_2]\rangle = K_4$, então

i. uma vez que v_1 é adjacente a v_2, $| N [v_1] | = 4$, seja $N [v_1] = \{ v_1 , v_2 , v_{11} , v_{12} \}$.

ii. Uma vez que $N [v_1] \cap N [v_2] = \{ v_1 , v_2 \}$, $| N (v_2) | = 4$, v_1 adjacente a v_2, seja $N [v_2] = \{ v_2 , v_3 , v_{21} , v_{22} \}$.

A estrutura parcial de $\langle N [v_1]\rangle \cup \langle N [v_2]\rangle$ é apresentada na Fig.3.26 (a). Observamos que quando (i) e (ii) são satisfeitos v_2 é um vértice cortado, $N [v_1]$ planar, $N [v_2]$ planar. Além disso, $\langle N [v_1]\rangle \cup \langle N [v_2]\rangle$ é um grafo planar como se vê na Fig. 3.26 (b).

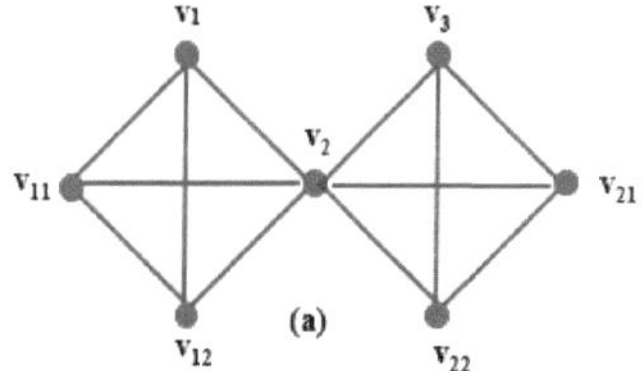 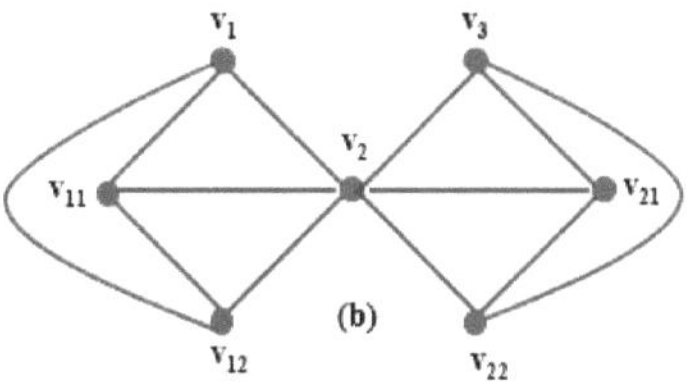

(a)   (b)

Fig. 3.26

Com esta observação, passamos agora à etapa 2.

Passo 2. Para qualquer v_i, $v_j \in P$, $i \neq j$ tal que

   i. v_i adjacente a v_j .

   ii. $|\, N\,[\, v_i\,]\,| \leq 4$, $|\, N\,[\, v_j\,]\,| \leq 4$.

   iii. $|\, E\,(\langle\, N\,[\, v_i\,]\rangle\,)\,| \leq 6$, $|\, E\,(\langle\, N\,[\, v_j\,]\rangle\,)\,| \leq 6$.

   iv. $N\,[\, v\,]_i \cap N\,[\, v_j\,] = \{\, v_i\,,\, v_j\,\}$.

decompor G em $H_i = \langle\, N\,[\, v_i\,]\rangle$ e $H_j = \langle\, N\,[\, v_j\,]\rangle$.

Passo 3. Repetir a etapa 2 para cada v_i, $v_j \in P$, $i \neq j$, v_i é adjacente a v_j .

Para cada v_i, $v_j \in P$, tal que v_i é adjacente a v_j, seja $D\,(\, N\,(\, v_i\,)\,) = \{\, u_{i1}\,,\, u_{i2}\,\}$, onde $D\,(\, N\,(\, v_i\,)\,)$ denota os vértices de $N\,(\, v_i\,)$ incluídos na decomposição discutida no Passo 2, $0 \leq |\, D\,(\, N\,(\, v_i\,)\,)\,| \leq 2$.

Note-se que $\{\, u_{i1}\,,\, u_{i2}\,\} \subseteq N\,(\, v_i\,)$, para todo $v_i \in P$. A estrutura parcial do grafo é a que se vê na Fig. 3.27.

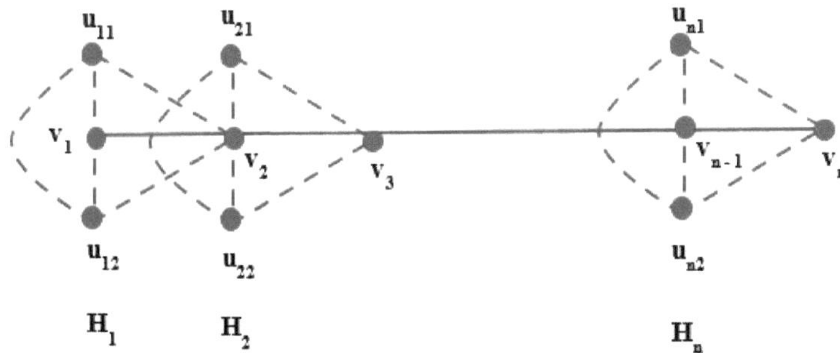

Fig. 3.27

As arestas a tracejado na Fig. 3.27 denotam arestas que existem se a adjacência for preservada no grafo original. Denotemos cada bloco como H_1 , H_2 , ..., H_n . Cada H_i é ou K_2 ou K_3 - { e_i } ou K_4 - { e_i } ou K_3 ou K_4 , onde e_i denota arestas que não estão em$\langle H_i \rangle$. Seja $H = H_1 \cup H_2 \cup ... \cup H_n$.

Passo 4. Se $G = H$, termina o procedimento. Caso contrário, passa-se à etapa 5.

Passo 5. Seja $G' = G$ - { H }. G' pode ser um grafo ligado ou desligado. Sem perda de generalidade, vamos assumir que G' é um grafo desconexo com q1 componentes G_1' , G_2' , ..., G_{q1}' .

Passo 6. Assumir que $G_i' = G$, $1 \leq i \leq q1$ e repetir os passos 1 a 3, para todo o G_i' , para gerar uma sequência de grafos planos H_{i1}' , H_{i2}' , ..., H_{iki}' , em que $1 \leq i \leq q1$.

Passo 7. Se $G = H \cup$ { $H_{i1}' \cup H_{i2}' \cup ... \cup H_{iki}'$ }, para todos os $1 \leq i \leq q1$, então termine. Caso contrário, deixe $G'' = G - H \cup$ { $H_{i1}' \cup H_{i2}' \cup ... \cup H_{iki}'$ }. G'' pode ser um grafo ligado ou desligado. Sem perda de generalidade, vamos assumir que G'' é um grafo desconexo com q2 componentes G_1'' , G_2'' , ..., G_{q2}'' .

Passo 8. Assumir que $G_i'' = G$, $1 \leq i \leq q2$ e repetir os passos 1 a 3, para todo o G_i'' , para gerar uma sequência de grafos planos H_{i1}'' , H_{i2}'' , ..., H_{iki}'' , $1 \leq i \leq q2$.

Passo 9. Repetindo os passos 1 a 8, geramos uma sequência de grafos G, G' , G'' , ... até G ser decomposto em grafos planares.

Se G for um grafo não - separável com k blocos G_1 , G_2 , ..., G_k então repita o procedimento iterativo para cada bloco de G_i de G para gerar uma sequência de grafos G_1 G_1' G_1'' ... G_2 G $G_{2'2}''$ ... G G $G_{kk'k}''$ até G ser decomposto em subgrafos planares.

Vamos ilustrar o processo de decomposição usando o gráfico da Fig. 3.28.

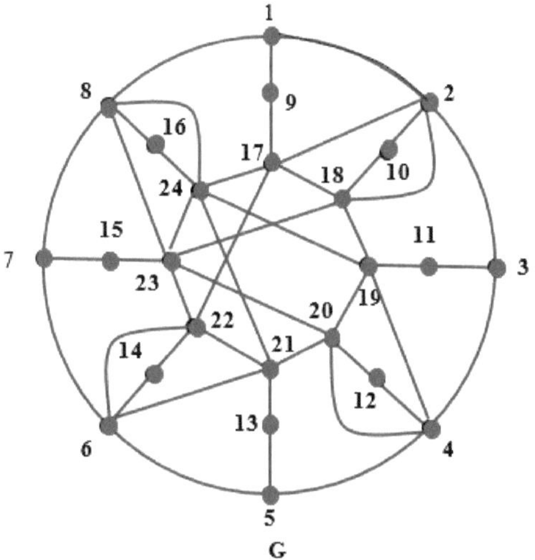

Fig. 3.28

Vamos etiquetar os vértices de G, como discutido nos Passos 1 e 2. O grafo rotulado pode ser visto na Fig. 3.29.

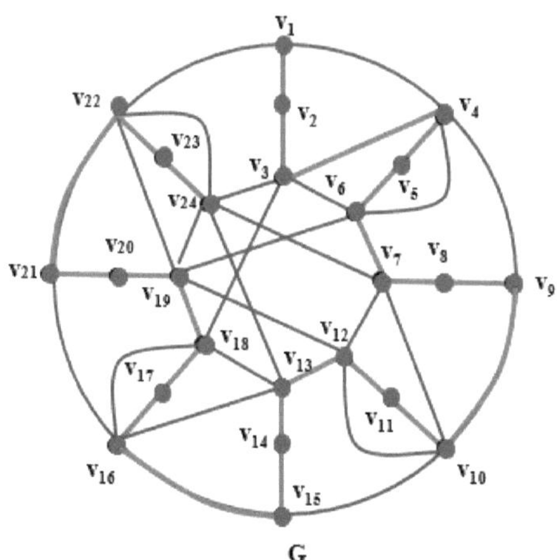

Fig. 3.29

Consideremos uma trajetória hamiltoniana H de G (destacada a verde). A trajetória hamiltoniana resultante está representada na Fig. 3.30.

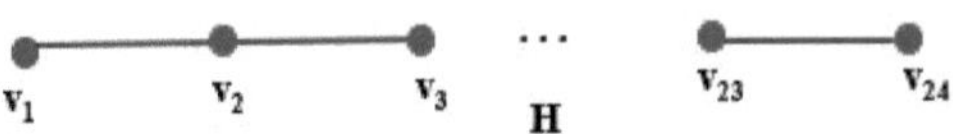

Fig. 3.30

Como G≠ H, considere G ′ = G - H , o gráfico é visto na Fig. 3.31.

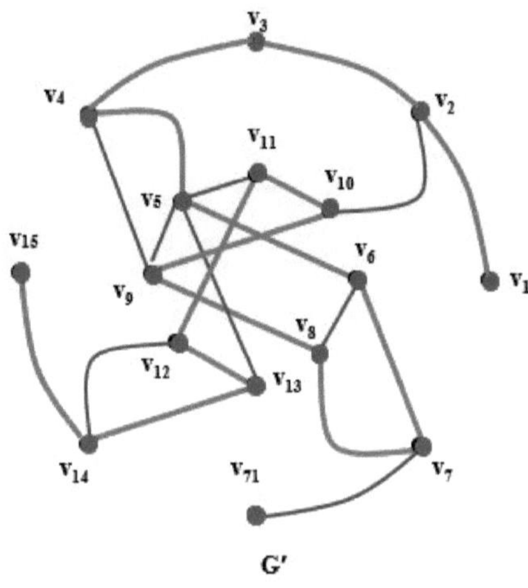

Fig. 3.31

Seja G′ = G. Usando o Passo - 6, geramos um grafo planar $H_{11}′$ visto na Fig. 3.32.

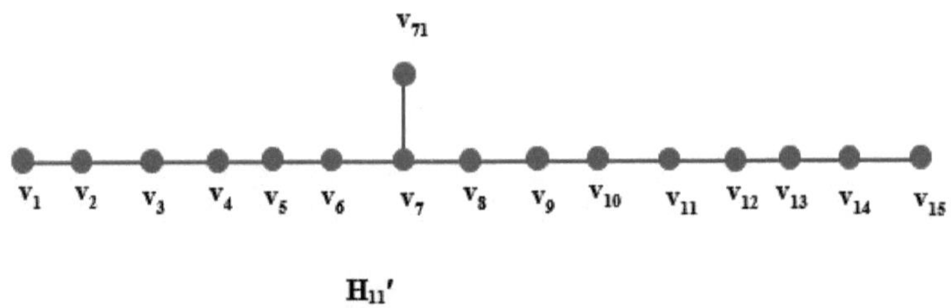

Fig. 3.32

Seja G″ = G - G′ - $H_{11}′$. Usando o Passo - 8 geramos os grafos planares como se vê na Fig. 3.33.

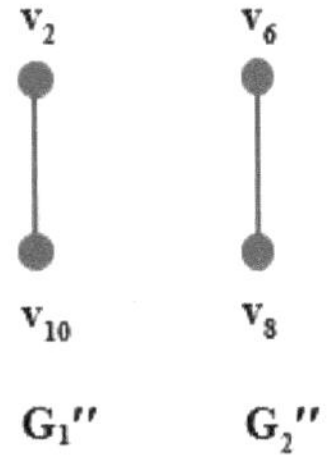

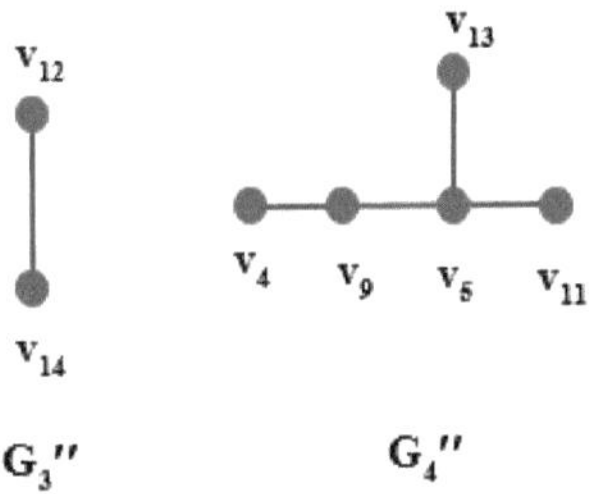

Fig. 3.33

Finalmente, G é decomposto em 6 árvores, como se pode ver nas Figuras 3.30, 3.32 e 3.33.

Considere o grafo da Fig. 3.34. Este grafo é um grafo separável. {2, 5, 9, 10, 12, 16, 18, 25 } são vértices cortados. Dividimos G em 6 blocos G_1 , G_2 , ..., G_6 , como mostra a Fig. 3. 34.

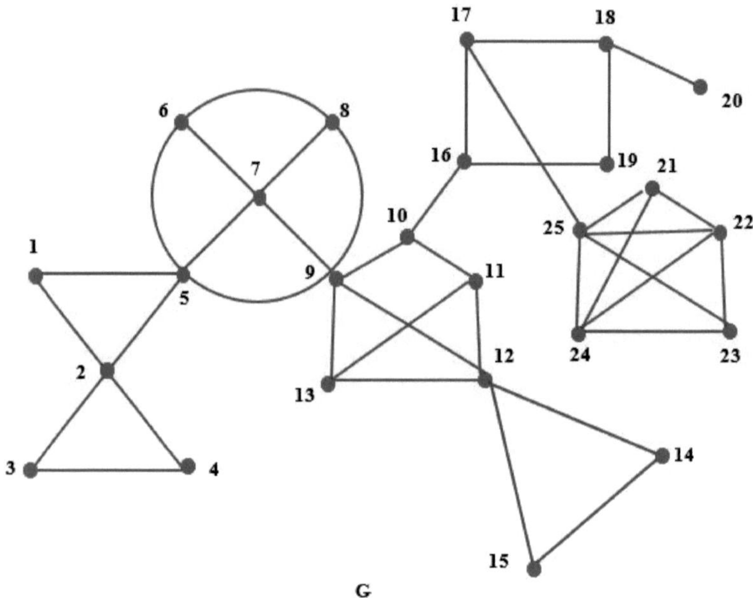

G

Fig. 3.34

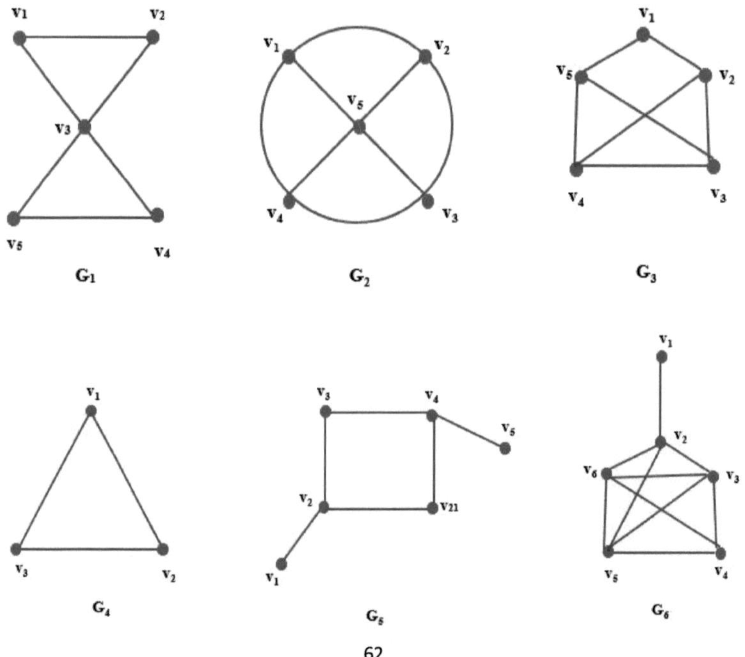

G_1

G_2

G_3

G_4

G_5

G_6

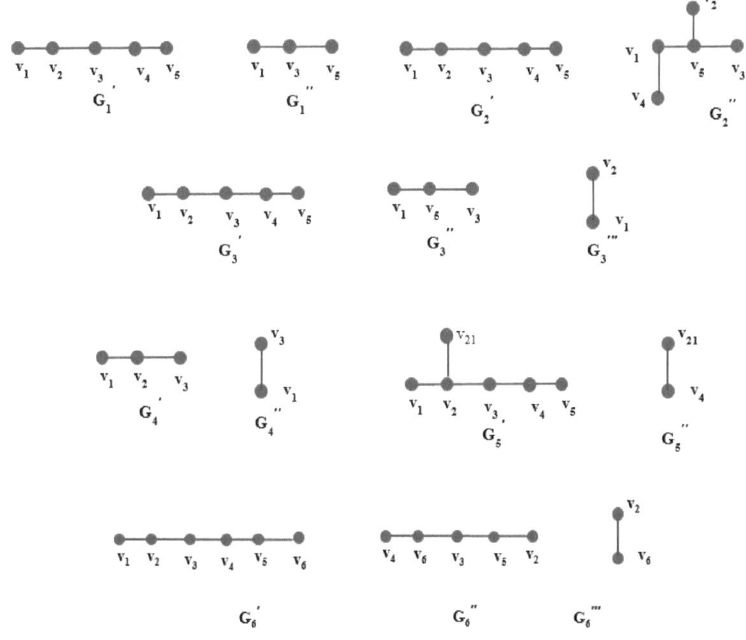

Fig. 3.35

O procedimento iterativo aplicado a cada bloco é ilustrado na Fig. 3.36.

Fig. 3.36

Finalmente, G é decomposto em 14 grafos planares, como se vê na Fig. 3.36.

3.4. Decomposição do grafo planar de G = (V, E) usando circuitos

Nesta secção, decompomos G em grafos planares utilizando circuitos.

Passo 1

Seja C um circuito qualquer em G.

   i.   Rotular os vértices em C como v_1 , v_2 , ..., v_k , $3 \leq k \leq n$. Seja X = { v_1 , v_2 , ..., v_k }.

   ii.   Para cada $v_i \in$ X, a etiqueta N (v_i) = { v_{i1} , v_{i2} , ..., v_{iki} }, para todos os $v_{ip} \in$ Pn [v_i], $1 \leq p \leq k1$, N (v_j) = { v_{j1} , v_{j2} , ..., v_{jkj} }, para todos os $v_{jq} \in$ Pn [v_j], $1 \leq q \leq k1$ tal que N (v_i)$\cap$ N (v_j) =ϕ .

63

iii.   Rotular cada u_1 , u_2 , ..., $u_r \in N\,(\,v_i\,) \cap N\,(\,v_j\,)$, $u_{1\,(k1+1)}$, $u_{2\,(k1+1)}$, ...,
$u_{r\,(k1+r)}$.

O gráfico da Fig. 3.37 apresenta uma rotulagem para um circuito C destacado a verde.

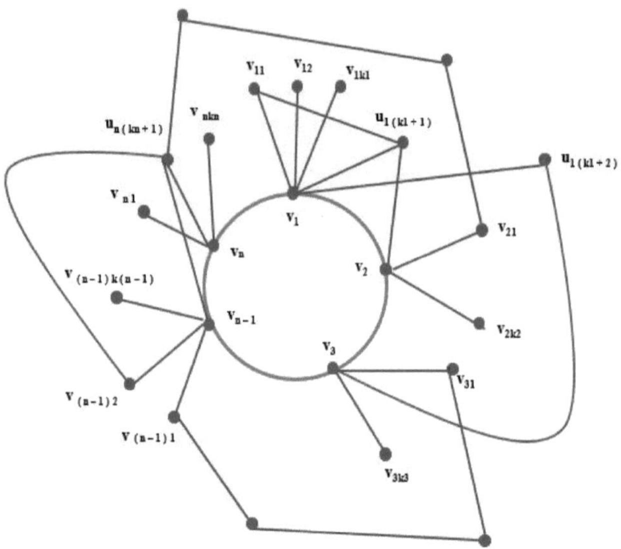

Fig. 3.37

Note-se que $N\,[\,x\,] = \bigcup\limits_{i=1}^{k} N[\,v_i\,]$ não precisa de cobrir todos os vértices de G.

Assim, nem todos os vértices do grafo G precisam de ser rotulados.

Passo 2. Seja C um circuito qualquer de G, identifique os vértices de C e N (C) como indicado na Etapa - 1.

Passo 3. Construir um subgrafo H de G, em que

i. $V\,(H) = X \cup \bigcup\limits_{i=1}^{k} PN(v_i) \cup \bigcup\limits_{i=1}^{k} u_{i(k_i+1)} \cup \bigcup\limits_{i=1}^{k} u_{i(k_i+2)} \cup ... \cup \bigcup\limits_{i=1}^{k} u_{i(k_i+r)}$

.

Incluir os bordos da seguinte forma,

ii.   para cada $v_i \in X$ inclui as arestas (v_i, v_{i1}), (v_i, v_{i2}), ..., (v_i, v_{iki}), (v_i, $u_{1(k1+1)}$), ($v_{i, ur(k1+r)}$), $1 \leq i \leq k$.

Passo 4. Se$\langle H \rangle$ = G, termina. Caso contrário, passar à etapa 5.

Passo 5. Seja G' = G - H. G' pode ser um grafo ligado ou desligado. Sem perda de generalidade, vamos assumir que G' é um grafo desconexo com q componentes G_1', G_2', ..., G_q'.

Passo 6. Suponha que G_i' = G, $1 \leq i \leq q$. Se G_i' tiver pelo menos um circuito, repita os passos 2 a 5 para todos os G_i' para gerar uma sequência de subgrafos planares H_{i1}', H_{i2}', ..., H_{iqi}'. Caso contrário, identifique G_i' como H_{ij}', $1 \leq j \leq q$.

Passo 7. Se G = H$\cup$ { $H_{i1}'\cup H_{i2}'\cup ...\cup H_{iqi}'$ }, para todos os $1 \leq i \leq q$, então termina. Caso contrário, continue a partir do Passo - 1 atribuindo G'' = G - { H } $\cup$ { $H_{i1}'\cup H_{i2}'\cup ...\cup H_{iki}'$ }.

Passo 8. Repetindo os passos 1 a 7, geramos uma sequência de grafos G, G', G'', ... até G ser decomposto em subgrafos planares.

Vamos ilustrar o processo de decomposição utilizando o gráfico da Fig. 3.38.

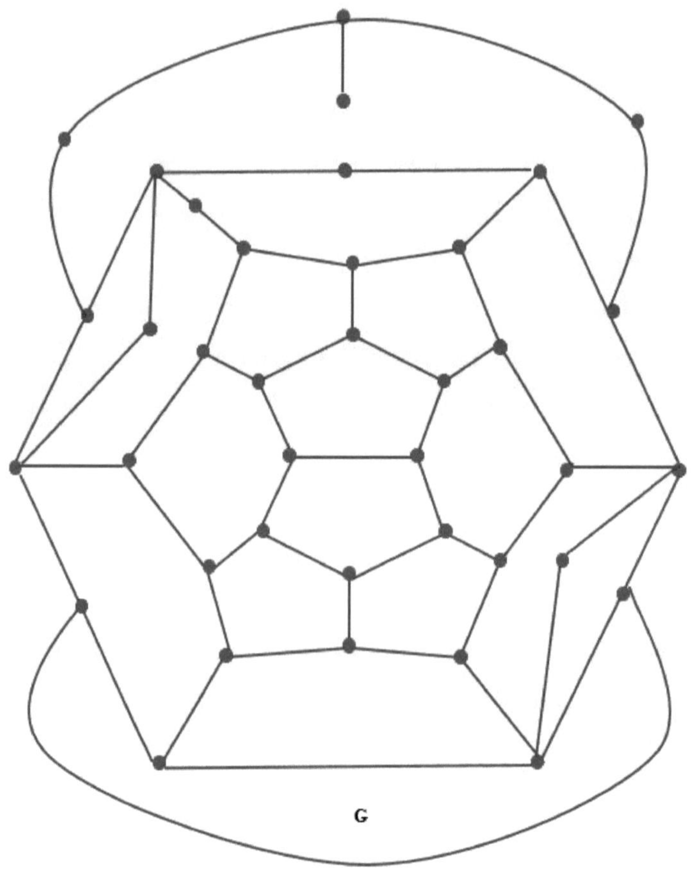

Fig. 3.38

Vamos etiquetar os vértices de G, como discutido no Passo - 1. O grafo rotulado é apresentado na Fig. 3.39.

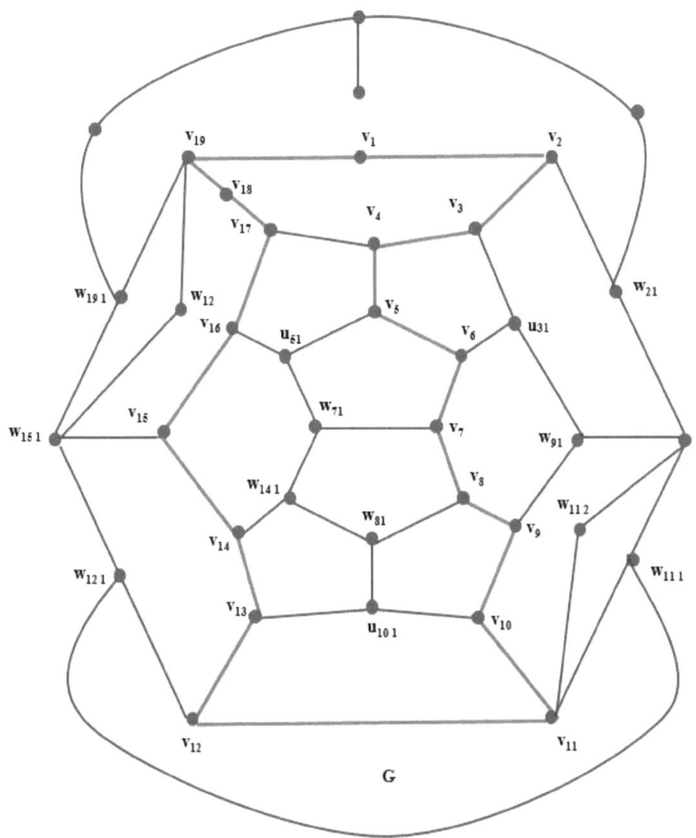

Fig. 3.39

Vamos decompor G em grafos planares usando o Passo 2. O grafo decomposto é apresentado na Fig. 3.40.

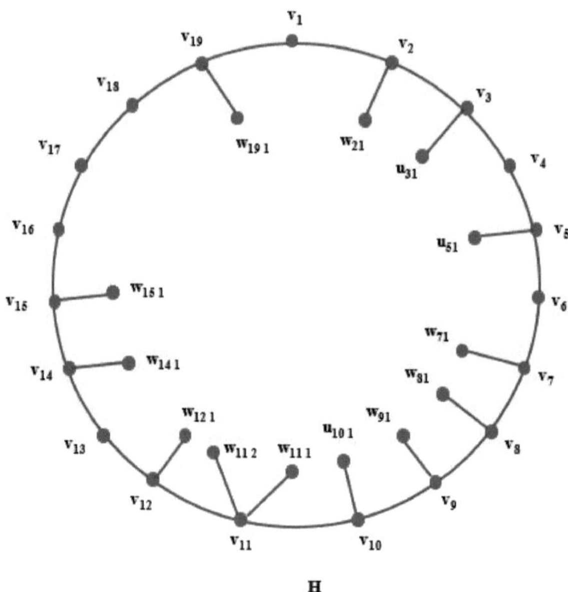

Fig. 3.40

Como G≠ H, G′ = G - H. Os componentes de G′ são vistos na Fig. 3.41. Os componentes em si são grafos planares.

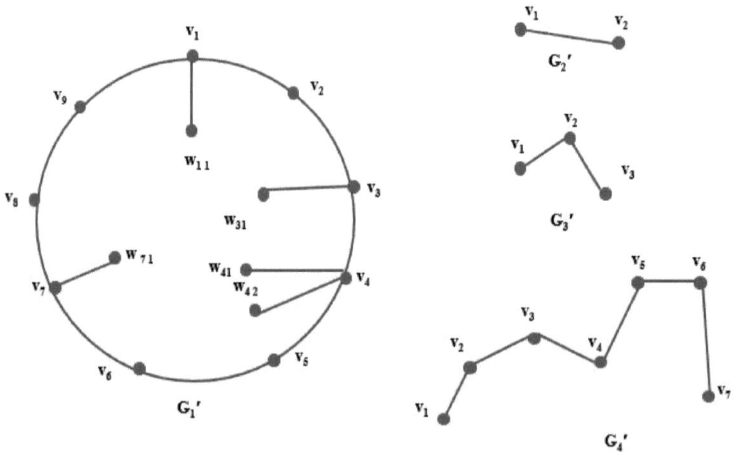

Fig. 3.41

Finalmente, G é decomposto em 5 grafos planares, como se vê nas Fig. 3.40 e 3.41.

Conclusão

Este livro investiga duas áreas-chave da teoria dos grafos, a decomposição de grafos e a planaridade de grafos. Estas áreas distintas oferecem oportunidades de investigação em diversas direcções e a exploração de técnicas de prova variadas. O foco principal deste livro é a decomposição de grafos, que envolve a decomposição de um grafo complexo numa coleção de cópias de subgrafos. Embora os subgrafos possam assumir várias formas, a questão "podemos sempre garantir que estes subgrafos permanecem planares?" foi abordada utilizando vários parâmetros do grafo, tais como o número de dominação, o número de dominação das arestas, os caminhos hamiltonianos, os ciclos e as árvores de extensão. O Capítulo 3 é especificamente dedicado ao desenvolvimento de técnicas iterativas para decompor qualquer grafo G em subgrafos H_1 , H_2 , ..., H_k , em que cada H_i é um grafo planar.

Referências

1. Narsingh Deo, Graph theory with applications to computer science, PHI learning private limited, 2013.

2. Harary, F. Teoria dos grafos. Addison Wesley/ Narosa Publishing House, 2001.

3. Haynes, T.W., Hedetniemi, S. T., Slater, P.J, Fundamentals of domination in graphs, Marcel Dekker, Inc., New York, 1998.

4. Leonhard Euler, Solutio problematis ad geometriam situs pertinentis, Commentarii academiae scientiarum Petropolitanae, 8, 128-140, 1735.

5. https://images.app.goo.gl/E8GL28cubaeeFAqc7.

6. https://images.app.goo.gl/kS3ePoaP6i5y36VK8.

7. Hierholzer, Carl e Chr. Wiener, Ueber die möglichkeit, einen linienzug ohne wiederholung und ohne unterbrechung zu umfahren, Mathematische Annalen (em alemão). 6, 30 - 32, 1873.

8. https://mathshistory.st-andrews.ac.uk/Biographies/Euler/.

9. Norman Biggs, E. Keith Lloyd, Robin J. Wilson, Graph Theory, 1736-1936, Clarendon Press - Oxford, 1998.

10. https://mathshistory.st-andrews.ac.uk/Biographies/Petersen/.

11. Julius Petersen, Die theorie der regularen graphs, Ata Mathrmatica, 15, 193 - 220, 1891.

12. Henry Martyn Mulder, Julius Petersen's theory of regular graphs, Discrete mathematics, 100, 157 - 175, 1992.

13. Kennedy, W., Quintas, V. e Syslo, M, Nota: O teorema dos grafos planares, Historia mathematica, 12, 356-368, 1985 .

14. Kuratowski, K, Sur le problème des courbes gauches en topologie, Fund. Math. 15, 271 - 283, 1930.

15. Frink, O., Smith, P. A, Irreducible non planar graphs, Bulletein of the american mathematical society, 36, 214 - 218, 1930.

16. Menger, K., Uber plattbare dreiergraphen und potenzen nichtplattbarer graphen, Anzeiger der akademie der wissenschafen in Wien, 67, 85-86, 1930.

17. Wagner, K., Uber eine erweiterung eines satzes von Kuratowski, Deutsche mathematic, 2, 280- 285, 1937.

18. Lula Tamar - Mattis, Grafos planares e o teorema de Wagner e Kuratowski, 2015.

19. Chartrand, G. e Harary, F, Planar permutation graphs, Ann. Inst. H. Poincare Sect.B 3, 433 - 438, 1967.

20. L. Lovasz, On covering of graphs, Theory of Graphs, P.Erd os and G. Katona, Eds., Procedure Collage, Academic Press, Tihany, Hungary, 231-236, 1968.

21. N.S. Mendelsohn, Decomposição hamiltoniana do n-grafo dirigido completo, em: Teoria dos Grafos, Proc. Colloq., Tihany 1966, P. Erd"os e G. Katona (Eds.), (Akad'emiai Kiad'o, Budapeste, 1968) 237- 241.

22. Kotizig, A., On decompositions of complete graphs into 4k-gons, Mat-Fyz. Cas, 15, 227 - 233, 1965.

23. Kotizig, A., Rosa A., Nearly Kirkman triple systems, Proc. 5th Southeastern Conf. on Combinatorics, Graph theory and Computing, 607 - 614, 1974.

24. Sotteau D., Decomposições de $K_{m, n}$ ($K^*_{m, n}$) em ciclos de comprimento 2k, J. Combinatorial Theory (B), 29, 75 - 81, 1981.

25. Hoffman D. G., Lindner C.C., Rodger C. A., On the construction of odd cycle systems, J. Graph Theory, 13, 417 - 426, 1989.

26. Rees R., Uniformly resolvable pairwise balanced designs with block sizes two and three, J. Combinatorial Theory (A), 45, 207 - 225, 1987.

27. Bermond, J. C., Heinrich K., Min - Li Yu, On resolvable mixed path designs, Europ., J. Combinatorics, 11, 313 - 318, 1990.

28. Colbourn C. J., Hoffman, D. G., Rodger C. A., Directed star decomposition of the complete directed graph, Journal of Graph Theory, 16(5), 517 - 528, 1992.

29. Colbourn C. J., Hoffman, D. G., Rodger C. A., Directed star decompositions of directed multigraphs, Discrete Mathematics, 97, 139 - 148, 1991.

30. Bermond J. C., Huabg C., Sotteau D., Ciclo equilibrado e projectos de circuitos: caso par, Ars Combinatoria, 5, 293 - 318, 1978.

31. Bermond J. C., Sotteau D., Ciclo e projectos de circuitos: caso ímpar, Proc. Colloq. Oberhof Illmenau, 11 - 32, 1978.

32. Bennett F. E., Conjugate orthogonal latin squares and Mendelsohn designs, Ars Combinatoria, 19, 51 - 62, 1985.

33. Bennett F. E., Phelps K. T., Rodger C. A., Zhu l., Constructions of perfect Mendelsohn designs, Discrete Math, 103 (2), 139 - 151, 1992.

34. Harary, F., A. J. Schwenk, Evolução do número de caminhos de um grafo: cobertura e empacotamento em grafos II, Graph Theory and Computing, 39 - 45, 1972.

35. Peroche, B., The path-numbers of some multipartite graphs, Annals of Discrete Mathematics, 9, 195 - 197, 1980.

36. Stanton, R.G., Cowan, D.D., James, L. O., Some results on path numbers, Actas da Conferência do Louisiana sobre Combinatória, Teoria dos Grafos e Computação, pp.112 - 1135, 1970.

37. Stanton, R.G., James, L. O e Cowan, D. D., Tri partite path numbers, Graph Theory and Computing, 285 - 294, 1972.

38. Arumugam, S., Suseela, J. S, Acyclic graphoidal covers and path partitions in a graph, Discrete Mathematics,vol., 190, pp. 67-77, 1998.

39. Arumugam, S., SahulHamid, I., Abraham, V.M, Decomposition of graphs into paths and cycles, Hindawi Publishing Corporation Journal of Discrete Mathematics, 2013, Article ID 721051, 6 pages, http://dx.doi.org/10.1155/2013/721051.

40. Sayyad Nayyaroddeen, Mahak Gambhir e Kishore Kothapalli, Um estudo de algoritmos de decomposição de grafos para quebra de simetria paralela, 2017 IEEE International Parallel and Distributed Processing Symposium Workshops, 598 - 607, 2017, DOI 10.1109/IPDPSW.2017.120.

41. Vanitha, R., Vijayalakshmi, D., e Mohanappriya, G, P_4 - Decomposição do gráfico de linha e do gráfico médio de alguns grafos, Kong. Res. J. 5(2), 1 - 6, 2018.

42. Antoon, H. Boode, Hajo Broersma, Decomposições de grafos com base em um novo produto de grafo, Matemática Aplicada Discreta, 259 , 31 - 4, 2019.

43. Ebin Raja Merly, E., Jeya Jothi, D, Connected domination decomposition of web and sunlet graphs, International Journal of Scientific & Technology Research, 9 (2), 2020.

44. Ilayaraja, M., Sowndhariya, K., Muthusam, A. Decomposition of product graphs into paths and stars on five vertices, AKCE International Journal of Graphs and Combinatorics, 17 (3), 777 - 783, 2020.

45. Etienne Birmele, Fabien de Montgolfier, Leo Planche, Laurent Viennot, Decomposição de um grafo em caminhos mais curtos com excentricidade limitada, Discrete Applied Mathematics, 284, 353 - 37, 2020.

46. Lintzmayera, C. N., Motab, G. O., Sambinelli, M, Decomposing split graphs into locally irregular graphs, Discrete Applied Mathematics, 292, 33 - 44, 2021.

47.Xiang Qin, Baoyindureng Wu, Decomposição de grafos com restrição de grau mínimo, Discrete Applied Mathematics, 321, 64 - 71 , 2022,

48.Eun-Kyung Cho, Ilkyoo Choi, Ringi Kim, Boram Park, Tingting Shan, Xuding Zhu, Decomposição de grafos planares em grafos com restrições de grau, Journal of Graph Theory, 101(2), 165 - 181, 2022.

49.Aspenson, G ., Baker, D., Schwieder, C, Decomposing K_{18n} e K_{18n+1} into isomorphic, connected, unicyclic 9 - edge graphs, Electron. J. Graph Theory Appl. 11(1), 275 - 318, 2023.

50.Alan Bohnert, Luke Branson, Patrick Otto, On decompositions of complete graphs into unicyclic disconnected bipartite graphs on nine edges, Electronic Journal of Graph Theory and Applications, 11(1), 329 -341, 2023.

51.Jakub Przybyło, Uma nota sobre a decomposição de grafos em subgrafos localmente quase irregulares, Matemática Aplicada e Computação, 470(1), 2024, Artigo id. 128584.

I want morebooks!

Buy your books fast and straightforward online - at one of world's fastest growing online book stores! Environmentally sound due to Print-on-Demand technologies.

Buy your books online at
www.morebooks.shop

Compre os seus livros mais rápido e diretamente na internet, em uma das livrarias on-line com o maior crescimento no mundo! Produção que protege o meio ambiente através das tecnologias de impressão sob demanda.

Compre os seus livros on-line em
www.morebooks.shop

info@omniscriptum.com
www.omniscriptum.com

Printed by Books on Demand GmbH, Norderstedt / Germany